AutoCAD
从入门到精通

许东平◎编著

U0221990

北京时代华文书局

图书在版编目（CIP）数据

AutoCAD从入门到精通 / 许东平编著. -- 北京 ：北
京时代华文书局，2020.10
ISBN 978-7-5699-3831-9

Ⅰ. ①A… Ⅱ. ①许… Ⅲ. ①AutoCAD软件 Ⅳ. ①TP391.72

中国版本图书馆 CIP 数据核字 (2020) 第 133314 号

AutoCAD从入门到精通
AutoCAD CONG RUMEN DAO JINGTONG

编　　著 ｜ 许东平

出 版 人 ｜ 陈　涛
选题策划 ｜ 王　生
责任编辑 ｜ 周连杰
封面设计 ｜ 乔景香
责任印制 ｜ 刘　银

出版发行 ｜ 北京时代华文书局 http://www.bjsdsj.com.cn
　　　　　 北京市东城区安定门外大街136号皇城国际大厦A座8楼
　　　　　 邮编：100011　　电话：010 - 64267955　64267677
印　　刷 ｜ 三河市祥达印刷包装有限公司　　　电话：0316-64267677
　　　　　 （如发现印装质量问题，请与印刷厂联系调换）
开　　本 ｜ 710mm×1000mm　1/16　　印　张 ｜ 18　　字　数 ｜ 300千字
版　　次 ｜ 2020 年 10 月第 1 版　　印　次 ｜ 2020 年 10 月第 1 次印刷
书　　号 ｜ ISBN 978-7-5699-3831-9
定　　价 ｜ 108.00元

前　言
ntroduction

《AutoCAD 从入门到精通》是一本实用教程。本书包含了 AutoCAD 视频教程、AutoCAD 实战案例、AutoCAD 试题测试、AutoCAD 基础教程四大板块，从 AutoCAD 2020 入门的基础操作到二维绘图命令、简易修改命令以及高级修改命令、文字编辑相关操作、尺寸标注、协同绘画、三维模型操作等都做了详细、系统地阐述。

本书以实际操作应用为目的，采用市面上最新版本的 AutoCAD 2020 软件，从普及基础知识入手，全面、系统地介绍了该软件中所有应用命令的使用方法与技巧。本书希望可以达到手把手教学、面对面讲解的效果，以基础为重点，以案例为辅助教程。在讲解过程中，每个重要的应用工具都配有多种运行方式的讲解，结合实际案例，既能提高读者的实际操作能力，又能加深其对 AutoCAD 的理解。

《AutoCAD 从入门到精通》从最基础的工具开始学习，逐步完成对 CAD 软件的初步掌握，结合实用的经典案例，让读者可以有条不紊地对软件进行更深入的了解，非常适合初学者和想要提升自己实际操作能力的读者。

AutoCAD 2020 上线后，以更加清晰的外观，更加全面的功能受到用户青睐。相比于之前的 AutoCAD 版本，AutoCAD 2020 不仅新增支持服务的功能，在界面上也突破了以往一成不变的风格。

1. 提高了兼容性。

AutoCAD 2020 在兼容性方面得到了极大的提升，并且几乎支持所有设备同时查看，包括 PC 端、PAD、手机，提高了移动办公的效率。

2. DWG 比较功能再次提升。

在 AutoCAD 2019 中，DWG 比较功能已经得到了很高的提升，但在 AutoCAD 2020 中，这项功能得到再次提升，允许在比较状态中直接编辑图形。

3. 云服务。

用户可以通过官方提供的云储蓄平台，直接在云端打开 AutoCAD 2020，同时可以打开任何 DWG 文件，有效提高了协作效率。

4. 快速测量。

升级后的"快速测量"工具，可以只通过移动鼠标光标或者悬停动态测量目标的尺寸、距离等数据。

5. 新的"块"功能。

用户可以直接通过"BLOCKSPALETTE"命令开启"块"功能，而且新的"块"功能可以查找当前、最近使用过或者其他"块"功能，提高了设计效率。

6. 用户界面。

AutoCAD 2020 新增了深色主题的用户界面，有利于降低视觉疲劳，更优质的对比度与更简洁的图标极大地提升了用户体验与视觉效果。

可以毫不夸张地说，AutoCAD 在建筑工程、电气工程、服装制造、机械工程等领域有着不同且多种应用途径。

1. 建筑工程领域的应用。

AutoCAD 在建筑领域的应用，改变了原有纸质版画图的缺陷。一般来讲，对绘制建筑图纸而言，需要用到的不只是 AutoCAD，也有 3DMax 以及 Photoshop 等软件。但 AutoCAD 通常作为绘制图纸的核心软件，设计人员利用 AutoCAD，可以将所设想的内容呈现在图纸上。

2. 电气工程领域的应用。

在电气工程领域，AutoCAD 主要充当辅助作用，可以帮助电气工程领域的产品设计在外观和功能层面绘制出满意的图纸。

3. 服装制造领域的应用。

传统的服装行业已经难以满足新时代时代人们的需求，尤其是服装设计方面亟需做到与时俱进。可以说，AutoCAD 技术在服装制造领域的发展和应用，满足了设计师的设想，为服装制造业的发展赋予了科技感。就当前服装业与 AutoCAD 结合应用的情况来看，AutoCAD 可以进行服装图纸的绘制，对所完成的衣片进行排料、对比等，甚至可以对已经基本完成的衣片进行裁剪。

4. 机械工程领域的应用。

AutoCAD 在机械工程领域的应用，改变了原有的设计手段和设计方法，摒弃了较为落后的传统设计形式，引进了现代设计理念，为机械制造业的发展提供了便捷服务。

笔者相信，无论读者是哪一个领域的工作者，通过这本书都可以对 AutoCAD 2020 有更深刻的认知，也能够在其中找到一些适合自己的操作方法。

目　录
ontents

第一章　AutoCAD 2020 基础操作 / 001

1.1　认识 AutoCAD 2020 工作界面 / 001

1.1.1　初识界面工具 / 001

1.1.2　界面设置 / 001

1.1.3　应用程序栏 / 005

1.1.4　快速访问工具栏 / 006

1.1.5　功能区 / 007

1.1.6　命令栏 / 009

1.1.7　状态栏 / 009

1.1.8　绘图区 / 010

1.2　AutoCAD 2020 管理文件 / 010

1.2.1　新建文件 / 010

1.2.2　打开现有文件 / 014

1.2.3　保存文件 / 017

1.2.4　另存为文件 / 018

1.2.5　发布 / 021

1.2.6　关闭软件 / 021

1.3　基础指令输入 / 024

1.3.1　命令输入的四种方式 / 024

1.3.2　命令的重做、重复和撤销 / 026

1.3.3 透明命令的存在 / 029

1.3.4 命令的执行方式 / 030

1.3.5 坐标系统与数据的输入方式 / 031

第二章 二维绘图 / 035

2.1 直线类的绘图命令 / 035

2.1.1 直线命令 / 035

2.1.2 构造线 / 039

2.1.3 射线指令 / 042

2.2 圆类绘图命令 / 044

2.2.1 圆 / 044

2.2.2 圆弧 / 052

2.2.3 圆环 / 057

2.2.4 椭圆 / 059

2.3 点类绘图命令 / 063

2.3.1 点命令 / 063

2.4 平面图形命令 / 066

2.4.1 多边形命令 / 067

2.4.2 矩形命令 / 068

2.5 复杂化二维绘图命令 / 070

2.5.1 样条曲线 / 070

2.5.2 多段线 / 073

2.5.3 多线 / 076

第三章 平面图形的编辑 / 079

3.1 对象的选取 / 079

3.1.1 构造选择集 / 079

　　　3.1.2　快速选择工具 / 080

　3.2　复制类操作命令 / 082

　　　3.2.1　复制命令 / 082

　　　3.2.2　"镜像"命令 / 083

　　　3.2.3　"偏移"命令 / 085

　　　3.2.4　"阵列"命令 / 086

　3.3　移动类操作指令 / 089

　　　3.3.1　移动命令 / 090

　　　3.3.2　旋转命令 / 092

　　　3.3.3　缩放命令 / 093

第四章　高级修改命令 / 095

　4.1　修剪类操作命令 / 095

　　　4.1.1　修剪命令 / 095

　　　4.1.2　延伸命令 / 098

　　　4.1.3　拉伸命令 / 099

　　　4.1.4　拉长命令 / 100

　4.2　倒角类命令 / 101

　　　4.2.1　倒角命令 / 101

　　　4.2.2　圆角 / 103

　　　4.2.3　光顺曲线 / 106

　4.3　合并类命令 / 107

　　　4.3.1　合并命令 / 107

　　　4.3.2　分解命令 / 108

　　　4.3.3　打断命令 / 109

第五章 文本表格 / 111

5.1 文本样式 / 111

5.2 文本标注 / 113

    5.2.1 单行文本标注 / 113

    5.2.2 多行文本标注 / 115

5.3 绘制表格 / 116

    5.3.1 表格样式 / 117

    5.3.2 新建表格 / 119

第六章 尺寸标注 / 122

6.1 尺寸样式 / 122

6.2 标注尺寸 / 124

    6.2.1 快速标注 / 124

    6.2.2 线性标注 / 125

    6.2.3 对齐标注 / 127

    6.2.4 角度标注 / 129

    6.2.5 弧长标注 / 131

    6.2.6 半径标注 / 133

    6.2.7 直径标注 / 135

    6.2.8 连续标注 / 136

6.3 引线标注 / 138

    6.3.1 多重引线样式 / 138

    6.3.2 多重引线标注 / 142

    6.3.3 快速引线标注 / 144

6.4 公差标注 / 146

第七章 图纸布局与输出 / 149

7.1 图纸的调节 / 149

7.1.1 图纸的移动 / 149

7.1.2 图纸的缩放 / 151

7.1.3 视口 / 153

7.2 布局与图层 / 154

7.2.1 设置图层参数 / 155

7.2.2 设定图形参数 / 157

7.2.3 创建布局 / 158

7.2.4 页面设置 / 159

7.2.5 图形输出 / 160

第八章 三维绘图命令 / 163

8.1 三维坐标系统基本设置 / 163

8.1.1 设置坐标系 / 163

8.1.2 坐标系创建 / 165

8.1.3 右手定则 / 166

8.2 动态观察模式 / 166

8.2.1 受约束的动态观察 / 166

8.2.2 自由动态观察 / 168

8.2.3 连续动态观察 / 169

8.2.4 漫游 / 171

8.2.5 飞行 / 172

8.2.6 相机 / 173

8.3 基础三维图形绘制 / 175

8.3.1 三维多段线绘制 / 175

8.3.2 三维面绘制 / 176

8.3.3 网格圆锥体绘制 / 177

8.3.4 网格长方体绘制 / 178

8.3.5 网格圆柱体绘制 / 179

8.3.6 网格凌锥体绘制 / 180

8.3.7 网格球体绘制 / 181

8.3.8 网格楔体绘制 / 182

8.3.9 网格圆环体绘制 / 183

8.4 二维网格生成三维网格 / 184

8.4.1 直纹网格 / 184

8.4.2 平移网格 / 184

8.4.3 边界网格 / 187

8.4.4 旋转网格 / 188

8.5 优化表格属性 / 189

8.5.1 优化平滑度 / 189

8.5.2 锐化 / 191

8.5.3 优化网格 / 191

第九章 三维模型编辑 / 193

9.1 三维模型面的编辑 / 193

9.1.1 拉伸面 / 193

9.1.2 移动面 / 193

9.1.3 偏移面 / 195

9.1.4 删除面 / 196

9.1.5 旋转面 / 197

9.1.6 倾斜面 / 198

9.1.7 复制面 / 199

9.1.8 着色面 / 200

9.2 三维模型边的编辑 / 201

    9.2.1 着色边 / 201

    9.2.2 复制边 / 203

    9.2.3 压印边 / 204

9.3 三维模型整理编辑 / 205

    9.3.1 抽壳 / 206

    9.3.2 分割 / 207

    9.3.3 清除 / 208

    9.3.4 检查 / 209

第十章 协同绘画 / 211

10.1 CAD 标准规范 / 211

    10.1.1 标准文件的创建 / 211

    10.1.2 文件关联 / 213

    10.1.3 图形检查 / 215

10.2 图纸集与标记集 / 216

    10.2.1 创建图纸集 / 216

    10.2.2 图纸集管理 / 219

    10.2.3 标记集 / 220

第十一章 AutoCAD 2020 实战演练 / 222

11.1 弹簧零部件绘制 / 222

11.2 垫圈绘制 / 227

11.3 齿轮绘制 / 231

11.4 墙体绘制 / 233

11.5 方向标绘制 / 236

11.6 二维机械垫片绘制 / 239

11.7 墙体填充绘制 / 242

11.8 扇叶绘制 / 244

11.9 零件剖面图绘制 / 248

11.10 吊钩绘制 / 253

11.11 特殊图形绘制（1）/ 257

11.12 特殊图形绘制（2）/ 259

11.13 特殊图形绘制（3）/ 262

11.14 特殊图形绘制（4）/ 266

11.15 三维建模杯子绘制 / 269

附录 实战模拟习题集 / 273

第一章

AutoCAD 2020 基础操作

本章主要通过学习关于 AutoCAD 2020 的基础操作，了解 AutoCAD 2020 的界面、如何管理文件、基础的操作指令输入等知识。

1.1 认识 AutoCAD 2020 工作界面

所有软件都有其基础的工作界面也就是工作面板，所有的操作都是在工作界面中完成的。

1.1.1 初识界面工具

AutoCAD 2020 工具栏分为"应用程序栏""快速访问工具栏""功能区""命令栏"以及"状态栏""标题栏""坐标系图标"。简单来讲，AutoCAD 2020 的操作系统可以分为常用、插入、注释、参数化、视图、管理、绘制以及输入、输出几部分，如图 1.1.1。

1.1.2 界面设置

一、基础属性设置

（一）在绘图区任意位置点击鼠标右键，选择命令栏后最下方的"选项"命令，进入调整界面，如图 1.1.2。

（二）选择调整界面中的"显示"命令，可调整页面明暗度切换、窗口元素设

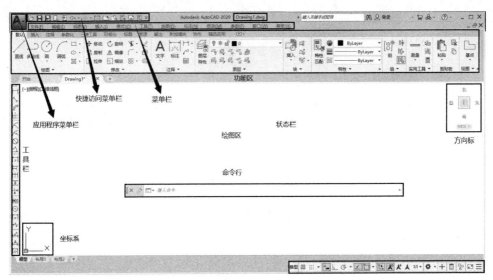

图 1.1.1　CAD2020 操作界面

置、显示精度、显示性能、光标大小等设置，用户也可以根据操作习惯来调整界面的显示方式，如图 1.1.3。

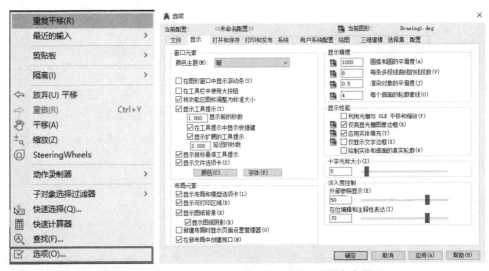

图 1.1.2　命令栏中的选项命令　　　　　　　图 1.1.3　选项命令界面

二、隐藏 / 显示设置

（一）隐藏 / 显示菜单栏。

在"快速访问工具栏"后面有一个下角标命令，如图 1.1.4。鼠标左键点击后在扩展的命令栏中选择"隐藏菜单栏"，如果想显示"菜单栏"，可重复该操作。

图 1.1.4　隐藏菜单栏

（二）隐藏 / 显示功能区。

执行命令行：RIBBON；隐藏执行命令行：RIBBONCLOSE。

在"菜单栏"的"工具"命令中，选择"选项板"命令，在拓展栏中选择"功能区"可以隐藏 / 显示功能区，如图 1.1.5。

"选项板"命令拓展栏中还可以设置"图层""特性""光源""计算器"等常用属性。

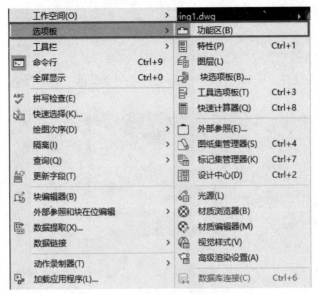

图 1.1.5 选项板拓展栏

（三）命令行隐藏 / 显示设置。

在"菜单栏"的"工具"命令中，可选择是否开启"命令行"设置，如图 1.1.6。同时，我们也可以通过快捷键"Ctrl+9"实现此次操作。

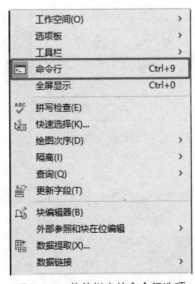

图 1.1.6 菜单栏中的命令行选项

1.1.3　应用程序栏

在 AutoCAD 2020 中，左上角 AutoCAD 的标志称之为"应用程序栏"，包含"保存""另存为""新建"，以及"打印""图形实用程序""发布"等功能。值得注意的是，如果命令呈现灰色状态，则表示该命令受到限制，不能使用。

图 1.1.7　"应用程序栏"

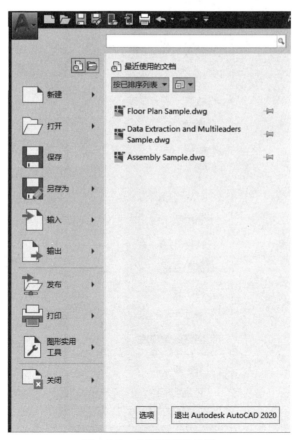

图 1.1.8　应用程序菜单栏

1.1.4 快速访问工具栏

"快速访问工具栏"可以帮助用户更快速地选择常用的命令，包括新建、打开、保存、渲染、撤销等常用功能，并且可以根据习惯自定义"快速访问工具栏"的位置，如图1.1.9。

图 1.1.9 设置快速反应工具栏位置

1.1.5　功能区

"功能区"包含着各种线条，以及"修改"功能和"文字"，用户可通过"编辑""插入""创建"等属性，对所创建的线条进行编辑。"功能区"属于常用功能，汇集了一般绘图所使用的工具，几乎涵盖了所有的绘图命令。

一、用户通过使用"直线""多段线""圆"等多种基本命令，可进行图形的创建，包括二维、三维图形，如图 1.1.10。

二、用户通过修改，进行图形移动、旋转、复制等操作，也可对图形进行修剪、删除、圆角等操作，是图形设计中最常用也是最有效的"笔"，如图 1.1.11。

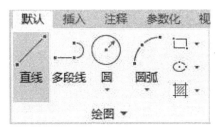

图 1.1.10　绘图工具界面

图 1.1.11　修改工具界面

三、图形标注是绘图的重要环节。软件的命令里，不仅有文字标注，也有尺寸标注命令。在标注功能里，有线性、半径和角度三种基本类型。除此以外，更有引线标注、公差标注等命令。其标注对象可以是二维图形，也可以是三维图形，如图 1.1.12。

图 1.1.12　标注编辑界面

四、在几乎所有的平面以及工程软件当中，都有"图层"命令，而且在制作过程中有着不可小窥的存在价值。在 AutoCAD 2020 中，"图层"命令包含图层设置、图形特性、冻结图层、锁定图层、解锁、打开图层等，如图 1.1.13。点击"图形特性"可以查看当前图层属性，如图 1.1.14。

图 1.1.13 图层特性

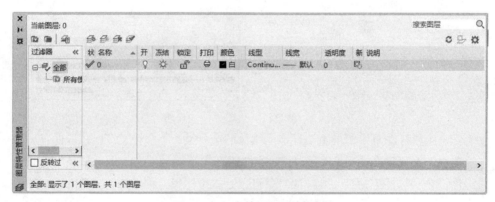

图 1.1.14 当前图层属性界面

图层的灵活应用有助于用户在图形设计时思路更加清晰，目的更加明确。以家装平面图设计为例，用户可以将水路图、电路图、地面铺装、吊顶设计、暖通等设计图全部画在一张图的不同图层当中，如此一来，用户在设计或者打印其中某一张图时，可以控制图形的显示与否来设计特定的图纸，不会受到其他类型图形的影响。

五、"块"的主要作用有两点，第一，将可能会反复绘制的不同元素单元形成一个"块"，使这些有相同元素的单元形成一个整体，方便统一进行编辑设计。第二，将不同的图形形成一个块，以免在修改、复制、移动时对单元造成丢失以及不可编辑错误产生。

在 AutoCAD 2020 中，新增了多重块的插入方式，包括插入、选项板、设计，可满足不同客户对"块"的使用需求，如图 1.1.15。

图 1.1.15　块的操作界面

1.1.6　命令栏

"命令栏"是指为了让系统按照用户输入的指令做出反应。例如，输入"Quit"命令，系统会自动退出。"命令栏"还有一个很大的作用，即提示客户下一步应该执行什么命令才可以继续制作。总而言之，在"命令栏"输入口令是十分方便的，可有效提高软件使用的效率，命令行显示如图 1.1.16。

图 1.1.16　命令行

1.1.7　状态栏

AutoCAD 2020 的"状态栏"能显示出所常用的绘图工具，也显示着光标位置以及能够影响绘图环境的相关工具。用户可以通过点击状态栏的工具，实现对工具的快速访问，或者是点击右下角的下拉箭头，实现其他设置的访问，如图 1.1.17。值得注意的是，用户可以通过设置，将自己使用起来得心应手的工具进行"自定义"。

图 1.1.17　状态栏界面

1.1.8 绘图区

绘图区占据 AutoCAD 的最大区域，是 AutoCAD 的"画布"，用户完成图形编辑的主要工作区域就是在绘图区中，通过鼠标滑轮可缩小、放大区域，如图 1.1.18。

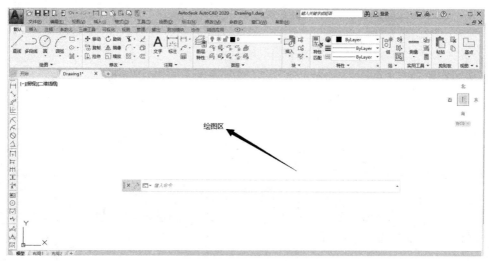

图 1.1.18 绘图区

1.2 AutoCAD 2020 管理文件

通过有效的文件管理，可对文件进行新建、打开、保存、另存为和图形输出操作，对整个绘图任务流程进行管理。

1.2.1 新建文件

进入 AutoCAD 2020 软件，可直接点击面板中的"开始绘制"命令新建一个名为 Drawing1 的文件进行绘制。如果用户想重新绘制一张图，可新建一个文件进行绘制，如图 1.2.1。

图 1.2.1　开始绘制

运行方法：

1.快捷键"CTRL+N"，根据跳出的界面进行新建选择。用户可以选择使用默认模板，也可以根据具体情况进行分析选择。

2.在命令行中执行命令"NEW"。

3.在菜单栏中选择命令"文件"→"新建"，如图 1.2.2。

4.在应用菜单栏中选择"新建"命令，如图 1.2.3。

5.在工具栏或者快速访问工具栏中选择"新建"命令，如图 1.2.4。

用以上方法执行"新建"命令后，界面会跳转到"图形样板"设置对话框，如图 1.2.5，这时选择我们需要的样板，点击"打开"就可以进行新建绘制。

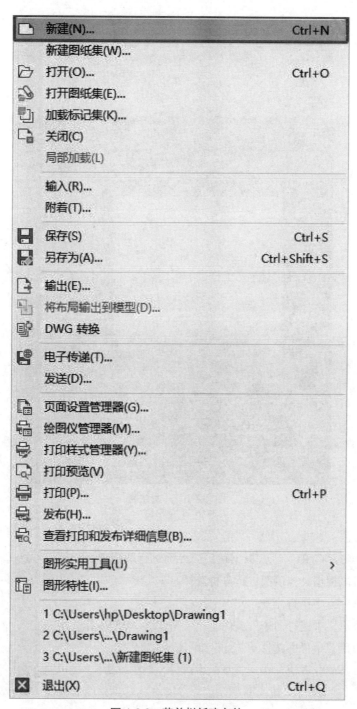

图 1.2.2 菜单栏新建文件

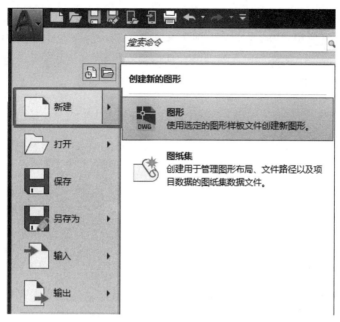

图 1.2.3　应用程序菜单栏新建文件

图 1.2.4　快速访问工具栏新建文件

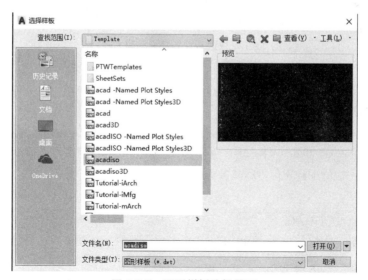

图 1.2.5　图形样板选择界面

　　"图形样板"是用户每次新建的时候都需要重新选择的，如果想快速新建文件，可直接在命令行执行命令"QNEW"或者执行菜单栏中的"工具"→"选项"命令，在"文件"拓展栏中选择"快速新建的默认模板文件名"，并选择右边的"浏览"命令，选择好需要的默认模板文件即可，如图1.2.6。

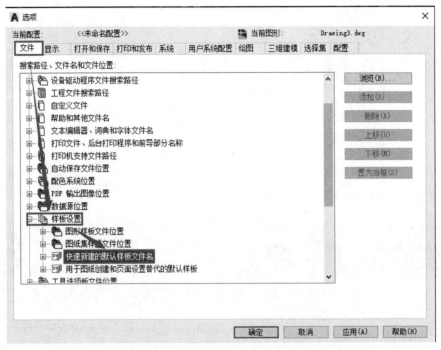

图 1.2.6　快速新建的默认末班文件名

1.2.2　打开现有文件

　　进入 AutoCAD 2020 软件，用户可以选择还未完成的现有文件进行继续编辑，或者打开已经完成的现有文件进行修改编辑。

　　运行方法：

　　1. 快捷键 "CTRL+O"。

　　2. 在命令行中执行命令 "OPEN"。

　　3. 在菜单栏中选择命令 "文件"→"打开"，如图1.2.7。

　　4. 在工具栏或者快速访问工具栏中选择 "打开" 命令，如图1.2.8。

	新建(N)...	Ctrl+N
新建图纸集(W)...	
打开(O)...	Ctrl+O
打开图纸集(E)...	
加载标记集(K)...	
关闭(C)	
局部加载(L)	
输入(R)...	
附着(T)...	
保存(S)	Ctrl+S
另存为(A)...	Ctrl+Shift+S
输出(E)...	
将布局输出到模型(D)...	
DWG 转换	
电子传递(T)...	
发送(D)...	
页面设置管理器(G)...	
绘图仪管理器(M)...	
打印样式管理器(Y)...	
打印预览(V)	
打印(P)...	Ctrl+P
发布(H)...	
查看打印和发布详细信息(B)...	
图形实用工具(U)	＞
图形特性(I)...	
1 C:\Users\hp\Desktop\Drawing1	
2 C:\Users\...\Drawing1	
3 C:\Users\...\新建图纸集 (1)	
退出(X)	Ctrl+Q

图 1.2.7　菜单栏打开文件

图 1.2.8　快速访问工具栏打开文件

5. 在应用菜单栏中选择"打开"命令，如图 1.2.9。

6. 在开始界面中直接选择"打开文件"命令，如图 1.2.10。

图 1.2.9　在应用菜单栏中选择"打开"命令

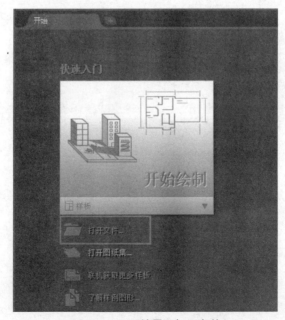

图 1.2.10　开始界面打开文件

1.2.3　保存文件

在制图已经完成或者需要再次编辑的时候可以进行保存文件操作。

运行方法：

1. 快捷键"CTRL+S"。

2. 在命令行中执行命令"SAVE"。

3. 在菜单栏中选择命令"文件"→"保存"，如图 1.2.11。

图 1.2.11　菜单栏保存文件

4. 在工具栏或者快速访问工具栏中选择"保存"命令，如图 1.2.12。

图 1.2.12　快速访问工具栏保存文件

5. 在应用菜单栏中选择"保存"命令，如图 1.2.13。

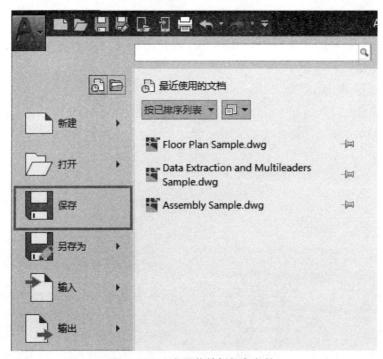

图 1.2.13 应用菜单栏保存文件

1.2.4 另存为文件

已保存的文件或者被打开的其他 CAD 文件，可另存为一个新的文件。

运行方法：

1. 快捷键"CTRL+SHIFT+S"。

2. 在命令行中执行命令"SAVEAS"。

3. 在菜单栏中选择命令"文件"→"另存为"，如图 1.2.14。

4. 在工具栏或快速访问工具栏中选择"另存为"命令，如图 1.2.15。

5. 在应用菜单栏中选择"另存为"命令，如图 1.2.16。

6. 另存为的文件，可进行 DWG 格式另存为、将文件保存到 AutoCAD Web 和 Moblie 中、创建新图形样板（DWT）文件、创建检查图形标准的（DWS）文件或者格式转化操作，如图 1.2.17。

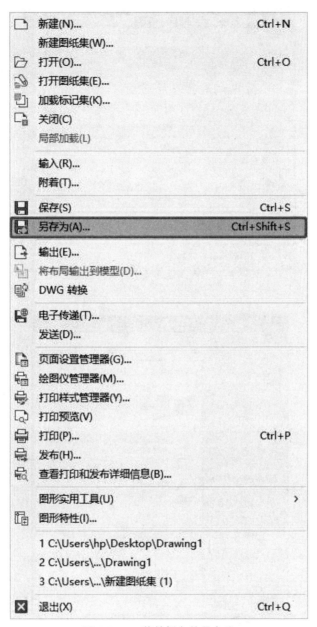

图 1.2.14　菜单栏文件另存为

图 1.2.15　工具栏文件另存为

图 1.2.16　应用程序菜单栏文件另存为

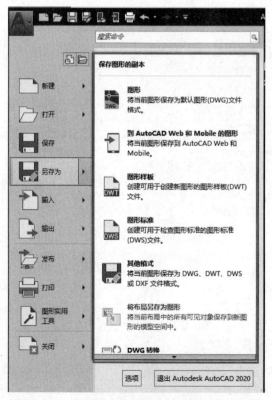

图 1.2.17　应用程序菜单栏文件另存为格式选择

1.2.5　发布

单击 AutoCAD 按钮，弹出"发布"命令后，可进行三维打印、归档、电子传递、电子邮箱、共享命令，如图 1.2.18。

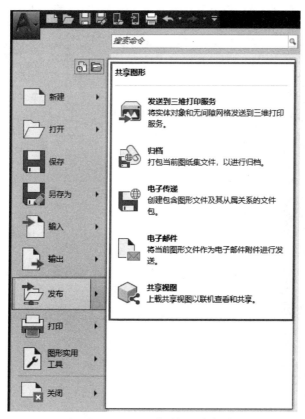

图 1.2.18　应用菜单栏发布操作

1.2.6　关闭软件

在绘图完成或者准备下次继续操作时，执行"保存"或者"另存为"命令后，退出软件即可。

运行方法：

1. 快捷键"CTRL+Q"。

2. 在命令行中执行命令"QUIT"。

3. 在菜单栏中选择命令"文件"→"退出"，如图 1.2.19。

4. 在应用菜单栏中选择"关闭"命令，可在拓展栏中选择"当前图形"或"所有图形"，如图 1.2.20。

5. 可直接点击 AutoCAD 2020 操作界面右上角的关闭软件，如图 1.2.21。

图 1.2.19　菜单栏中退出

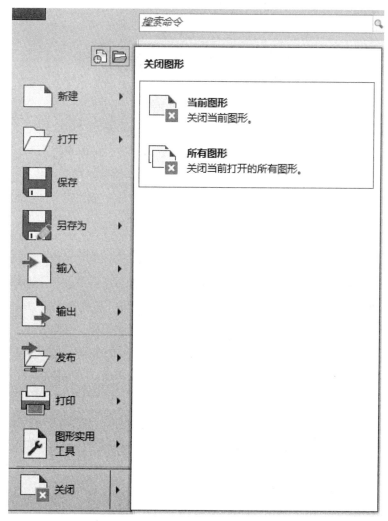

图 1.2.20　应用程序菜单栏退出

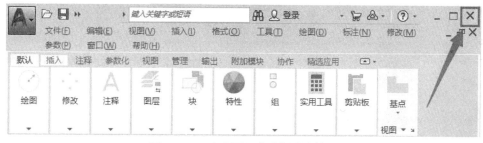

图 1.2.21　在主页面中选择退出按钮

1.3 基础指令输入

在绘制图形的时候不但要做到精准，也要保证制图速度，那么如何才能保证以最高的效率来完成制图工作呢？AutoCAD 2020 提供了多种命令输入方式，可以满足不同用户的操作需求，使用户根据操作习惯找到最适合的高效制图方式。

1.3.1 命令输入的四种方式

一、在命令窗口直接输入命令字符（命令不区分大小写）。例如，LINE，执行命令时可以输入 LINE，并按"ENTER"键执行操作，在命令行中会出现命令提示，如图 1.3.1。在命令行中我们可以看到输入命令后会出现下一步操作选项"LINE 指定第一个点"，在键入命令时也可直接输入命令的缩写来完成操作，如 LINE（L）。

在命令操作完成后，命令行会提示下一步操作，如图 1.3.2。此时我们可以选择继续执行或者选择"退出 E""放弃 U"来执行下一步操作。

图 1.3.1 命令行显示"LINE"指令

图 1.3.2 命令行显示完成"LINE"命令后的可选项

二、直接在绘图功能区选取需要的图形，如图 1.3.3。在绘图过程中，命令行也会根据操作显示对应的操作说明和命令的名称。

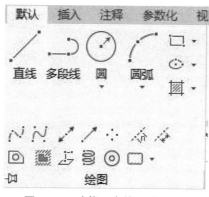

图 1.3.3　功能区中的"绘图区"

三、直接在绘图菜单栏选取需要的图形，如图 1.3.4。在绘图过程中，命令行也会根据操作显示对应的操作说明和命令的名称。

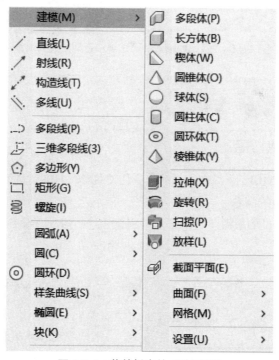

图 1.3.4　菜单栏中的"绘图区"

四、在绘图区按下鼠标"右键"打开快捷菜单栏，可以从最近使用过的命令中选取现在需要的命令，如图 1.3.5。

重复PLINE(R)

最近的输入 >   PLINE
ARC
剪贴板 >   CIRCLE
隔离(I) >   LINE
QUIT

放弃(U) 缩放
重做(R)   Ctrl+Y
平移(A)
缩放(Z)
SteeringWheels

动作录制器 >

子对象选择过滤器 >

快速选择(Q)...
快速计算器
查找(F)...
选项(O)...

图 1.3.5 "最近的输入"可选项中近期用过的命令

1.3.2 命令的重做、重复和撤销

在绘图过程中避免不了错误操作或者需要相同命令重复操作甚至重做的情况，这时我们需要执行撤销、重做和重复的命令，辅助我们继续绘制图形。

一、执行重复的命令

在绘图过程中，如果需要重新按照刚刚操作过的命令继续绘图，在命令行中按"ENTER"键，即可"重复"上一步操作，如图 1.3.6。

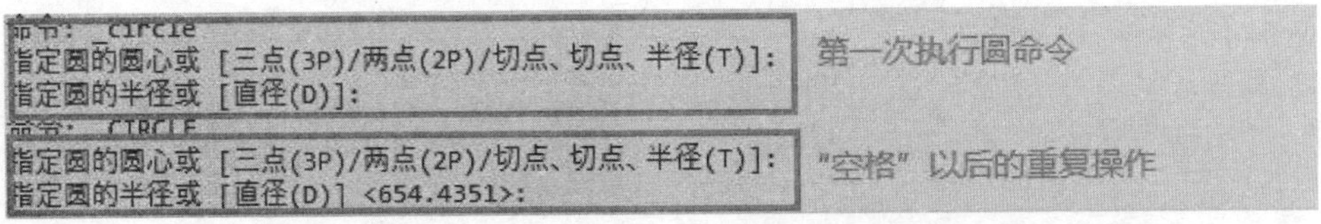

命令: _circle
指定圆的圆心或 [三点(3P)/两点(2P)/切点、切点、半径(T)]:   第一次执行圆命令
指定圆的半径或 [直径(D)]:
命令: _CIRCLE
指定圆的圆心或 [三点(3P)/两点(2P)/切点、切点、半径(T)]:   "空格"以后的重复操作
指定圆的半径或 [直径(D)] <654.4351>:

图 1.3.6 在执行"圆"命令后，按"ENTER"键重新绘制另一个"圆"

二、执行重做的命令

在绘图过程中，如果需要恢复已被撤销的命令，需要执行"重做"的命令。

运行方法：

1. 在命令行中，执行命令"REDO"或"RE"，如图 1.3.7。

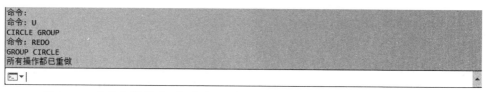

图 1.3.7　在执行撤销"圆"命令后，执行"REDO"可恢复撤销的"圆"命令

2. 菜单栏的"编辑"下拉选项中直接选择"重做"命令，可恢复已被撤销的命令，如图 1.3.8。

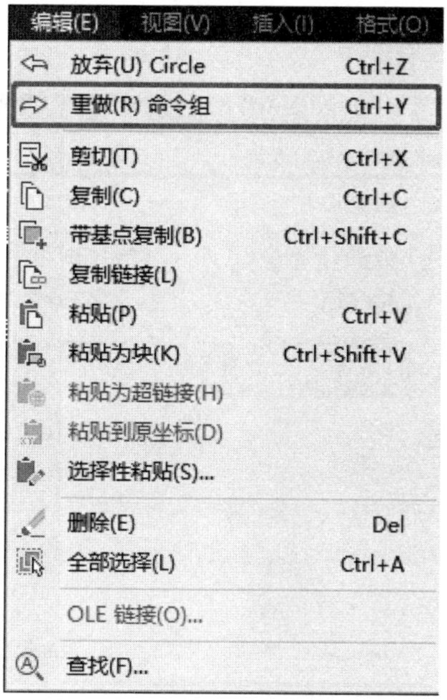

图 1.3.8　菜单栏中的"重做"命令

3. 输入快捷键"CTRL+Y"。

4. 在快速访问工具栏中选择"重做"图标，如图 1.3.9。

图 1.3.9 快速访问工具栏的"重做"图标

三、执行撤销的命令

用户在绘制过程中是可以随时取消命令的。如果需要取消或者关闭命令，可执行"撤销"的命令。

执行方法：

1. 在命令行中，执行命令"UNDO"并按"ENTER"键确认，如图 1.3.10。

2. 在菜单栏的"编辑"下拉选项中直接选择"放弃"命令，如图 1.3.11。

```
命令: circle
指定圆的圆心或 [三点(3P)/两点(2P)/切点、切点、半径(T)]:
指定圆的半径或 [直径(D)]:
命令: UNDO
当前设置: 自动 = 开, 控制 = 全部, 合并 = 是, 图层 = 是
输入要放弃的操作数目或 [自动(A)/控制(C)/开始(BE)/结束(E)/标记(M)/后退(B)] <1>:
CIRCLE GROUP
```

图 1.3.10 在命令行中输入命令"UNDO"取消上一步"圆"的操作

编辑(E)	视图(V)	插入(I)	格式(O)
⇐ 放弃(U) 命令组			Ctrl+Z
⇒ 重做(R)			Ctrl+Y
剪切(T)			Ctrl+X
复制(C)			Ctrl+C
带基点复制(B)			Ctrl+Shift+C
复制链接(L)			
粘贴(P)			Ctrl+V
粘贴为块(K)			Ctrl+Shift+V
粘贴为超链接(H)			
粘贴到原坐标(D)			
选择性粘贴(S)...			
删除(E)			Del
全部选择(L)			Ctrl+A
OLE 链接(O)...			
查找(F)...			

图 1.3.11 菜单栏中的"放弃"命令

3. 输入快捷键"CTRL+Z"。

4. 在快速访问工具栏中选择"撤销"图标,如图 1.3.12。

5. 如果要终止命令,直接按"ESC"即可。

图 1.3.12 快速访问菜单栏中的"放弃"命令

1.3.3 透明命令的存在

当我们绘制图形时,在不中断当前命令的前提下,可执行的另外一个命令,称为"透明命令"。例如,在执行"圆"命令时,可以通过鼠标滑轮在任何阶段调整视图大小。

执行命令时在命令行输入单引号"'",后面输入命令名,就可以透明调用其他的命令,但并不是所有的命令都可以透明调用,一般可透明调用的都是一些辅助工具,如平移、视图调整、颜色、捕捉等。

我们以一个三角图形为参照物,在内部设置一个圆形,通过命令栏输入来调用透明命令。首先,设置好参照物与圆的位置,选定参照绘制区 5*6 的区域来做参照物,如图 1.3.13。然后在"圆"命令未结束时,在命令行输入"'ZOOM'"命令后,再输入命令"2X"将视图扩大两倍,得到图 1.3.14 的效果。命令执行的顺序如图1.3.15。

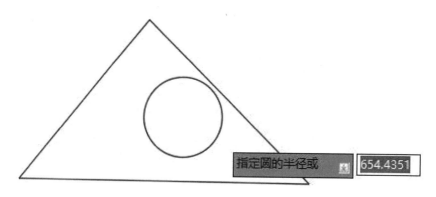

图 1.3.13 以三角形与绘图区 5*6 的格子范围做参考

指定窗口的角点，输入比例因子 (nX 或 nXP)，或者
2X
命令: ZOOM
指定窗口的角点，输入比例因子 (nX 或 nXP)，或者
ZOOM [全部(A) 中心(C) 动态(D) 范围(E) 上一个(P) 比例(S) 窗口(W) 对象(O)] <实时>:

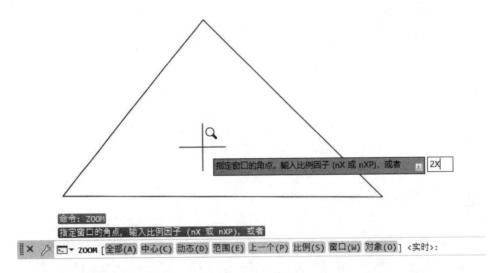

图 1.3.14 执行透明命令“‘ZOOM”后放大 2 倍后的视图

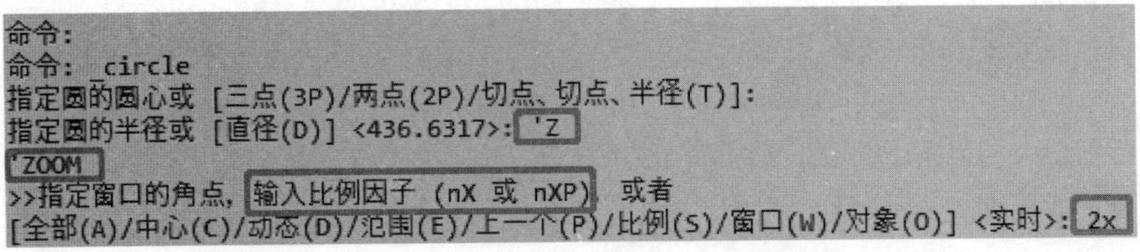

命令:
命令: _circle
指定圆的圆心或 [三点(3P)/两点(2P)/切点、切点、半径(T)]:
指定圆的半径或 [直径(D)] <436.6317>: 'Z
'ZOOM
>>指定窗口的角点，输入比例因子 (nX 或 nXP)，或者
[全部(A)/中心(C)/动态(D)/范围(E)/上一个(P)/比例(S)/窗口(W)/对象(O)] <实时>: 2x

图 1.3.15 执行透明命令视图扩大两倍的命令行

1.3.4 命令的执行方式

AutoCAD 2020 和其他软件一样，执行命令有几种最基础的方式，就是选择菜单栏和工具栏的形式来执行命令或者通过鼠标双击、右键和滑轮的方式来执行命令。也可以直接使用 AutoCAD 2020 自带的工具栏图标按钮，提高绘图效率。

除了以上常规的命令执行方式，AutoCAD 2020 还提供了命令栏的输入方式。通过对命令的熟练掌握可以更加高效快捷地帮助我们完成绘图工作。

例如，当我们需要打开“图层”时，可以直接在命令栏中输入“-LAYER”进入图层界面，如图 1.3.16，而直接输入“LAYER”系统会直接打开“图层特性面板”。

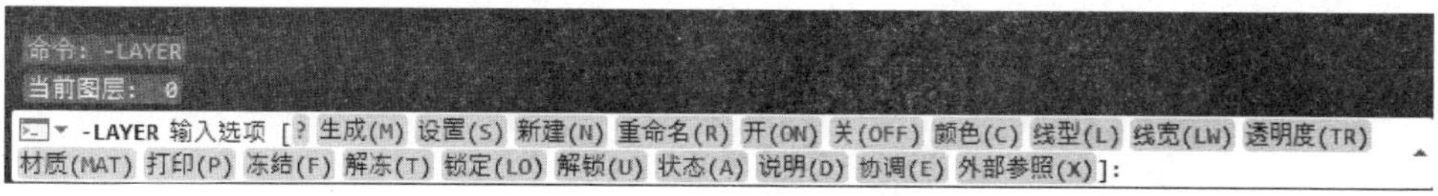

命令：-LAYER
当前图层：0

-LAYER 输入选项 [? 生成(M) 设置(S) 新建(N) 重命名(R) 开(ON) 关(OFF) 颜色(C) 线型(L) 线宽(LW) 透明度(TR)
材质(MAT) 打印(P) 冻结(F) 解冻(T) 锁定(LO) 解锁(U) 状态(A) 说明(D) 协调(E) 外部参照(X)]:

图 1.3.16　命令行中输入"-LAYER"后打开的图层属性编辑器

另外，命令行还可以自行设定自定义的命令来提高输入效率。我们可以将常用的一些命令自定义简单的字母来进行快速编辑，例如，将直线命令"LINE"设定为"L"、将图层面板"LAYER"设定为"A"等。

1.3.5　坐标系统与数据的输入方式

AutoCAD 2020 中可以通过数据或者坐标的输入直接完成绘图工作，常用的数据输入方式有四种。

一、动态输入法

在状态栏中选择并打开"动态输入"图标，如图 1.3.17。这时我们的十字光标在绘图区选中的区域上出现动态数据输入栏，如图 1.3.18。如果我们要绘制"圆"可以直接在动态数据栏中输入需要的"圆"的数据即可完成，如图 1.3.19。

图 1.3.17　状态栏中"动态输入"命令位置

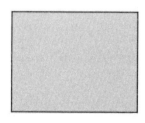

指定对角点或 ┌┐ 11815.6907 2667.8916

图 1.3.18　十字光标在"动态输入"命令打开的状态下范围选取页面

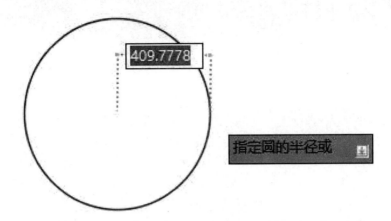

图 1.3.19　在"动态输入"命令打开的状态下对"圆"的半径数据编辑

二、绝对极坐标输入法

绝对极坐标是针对原点（0，0）的绝对位移，通过输入两个连续数值（A.B）来确定图形的距离与角度。距离与角度之间要用"<"隔开。角度值可以用角度、梯度、弧度等形式来表示。

例如，选择直线工具，输入（30<60）即可认为是针对原点（0.0）的距离 30，角度成 60 度的直线，如图 1.3.20.

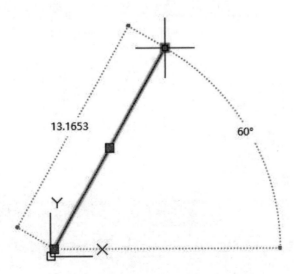

图 1.3.20　绝对坐标（30<60）的直线

三、相对极坐标输入法

相对坐标输入法是将上一个坐标点作为原点，然后输入相对于上一个点的位移或者角度与距离的方法来得到新的点。

数值的输入方式就是在输入位移与角度前加符号"@"。例如，以上一个点数值（30，30）为原点输入命令（@30<60）即可得到如图 1.3.21。

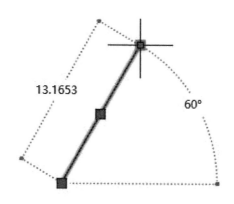

图 1.3.21　通过相对极坐标输入（@30<60）得到的图

四、点的输入

在 AutoCAD 2020 绘图过程中，经常需要输入已知点的坐标进行绘图，在坐标点的输入过程中也分为两种方式：第一种就是点的绝对值输入，即"x，y"是针对原点"0.0"的位移；第二种就是点的相对值输入，即"@x，y"是只针对上一个点的相对坐标值的位移。

例如，绘制"多段线"命令中，在命令行输入第一个点的坐标为"30，60"以点"30，60"为起点的线段。如果继续在命令行输入"@30，60"即相对点"30，60"点为原点的"30，60"的位移，得到图 1.3.22。命令行命令显示如图 1.3.23。

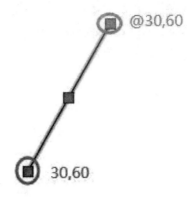

图 1.3.22 以 "30，60 为起点" 并以此点为原点 "@30，60" 为终点的线段

```
命令: _line
指定第一个点: 30,60
指定下一点或 [放弃(U)]: @30,60
指定下一点或[退出(E)/放弃(U)]: *取消*
命令:
```

图 1.3.23 命令行显示此线段的操作命令顺序

第二章

二维绘图

在 AutoCAD 2020 中，二维图形的绘制是整个 AutoCAD 的绘图基础，无论多么复杂的图形，都是由最基础的点、线的命令按照不同的颜色、粗细、位置分布来组成的。因此，熟练掌握二维绘图命令，可以提升绘制图形的效率。

二维绘图命令包括直线命令、多段线命令、圆命令、圆弧命令和多边形命令等，这些命令组成了 AutoCAD 的绘制基础。

2.1 直线类的绘图命令

直线类的绘图命令包含直线、射线命令和构造线命令，这几个命令也是 AutoCAD 中最简单的绘制命令。

2.1.1 直线命令

直线命令是 AutoCAD 2020 绘图命令的基础。直线命令可以单独绘制成已知长度的单独线段，也可以与其他绘制工具配合生成我们需要的多线段图形。

运行直线命令时，需要在绘图区首先指定第一个点，这个确认的点可以用鼠标的左键在绘图区选择或者在命令行输入坐标。确定第一个点以后，我们可以用同样的方法继续选择下一个点的位置，这样就形成了第一个我们需要的直线，如图 2.1.1。

在绘制完第一条直线后，我们会发现命令并没有结束，如图 2.1.2。

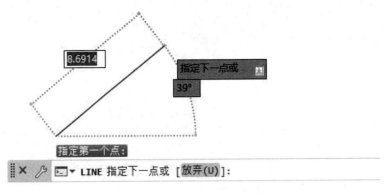

图 2.1.1　通过"直线"命令绘制出的直线

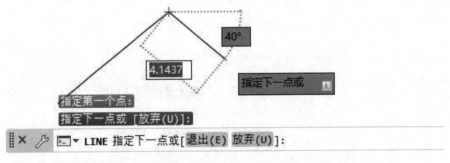

图 2.1.2　绘制完第一条直线后，直线可以继续绘制

此时，我们可以选择使用键盘"空格键"来完成绘制，或者鼠标右键选择"确认"完成绘制。

运行方法：

1.在"命令行"输入命令"LINE"或"L"，如图 2.1.3。

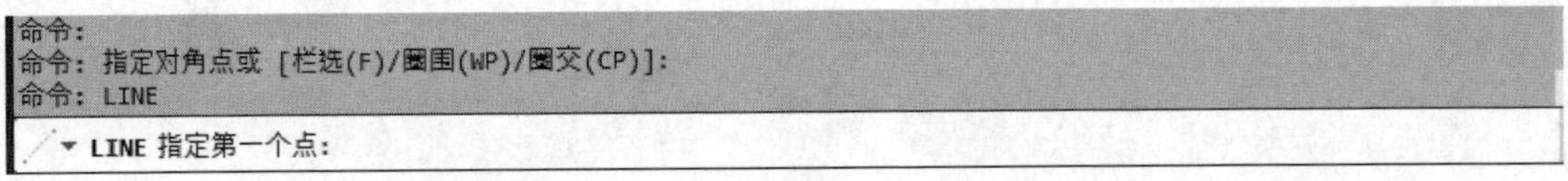

```
命令:
命令:指定对角点或 [栏选(F)/圈围(WP)/圈交(CP)]:
命令: LINE

▼ LINE 指定第一个点:
```

图 2.1.3　在命令行输入命令"LINE"后的显示

2. 在"菜单栏"中选择"绘图"下拉命令中的"直线",如图2.1.4。

3. 在"功能区"的"默认"选项中,选择"绘图"面板中的"直线",如图2.1.5。

4. 在"工具栏"中选择直线,如图2.1.6。如果界面没有显示出竖向工具栏,可以在"菜单栏"中选择"工具"下拉菜单中的"工具栏",然后在延伸选项中选择"绘图",就可以在绘图区添加竖向的"工具栏",如图2.1.7。

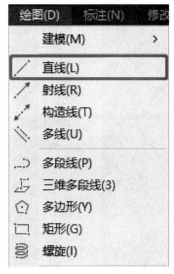

图 2.1.4 在"菜单栏"的"绘图"选项下拉菜单中的直线

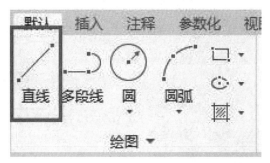

图 2.1.5 在"功能区"的"绘图"选项卡中的直线命令

图 2.1.6 在"工具栏"的"绘图"工具面板中选择直线

图 2.1.7 添加竖向"绘图工具栏"

2.1.2　构造线

构造线可以理解为无限长的直线，显示的方式也是特殊的线性，大部分的时候作为绘制过程中的辅助线，比如绘制机械三视图时，可以利用构造线将不同象限的视图图形对齐，如图 2.1.8。有时候，构造线也可以应用于实际绘图当中，比如已知线的方向和位置，但是不确定线的长度时，可以由构造线临时代替。

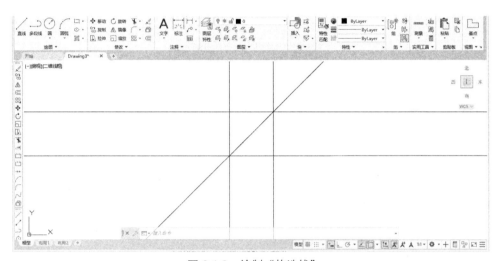

图 2.1.8　绘制"构造线"

在绘制"构造线"时，根据实际的需要，自行选择"构造线"绘制的方式。

指定点的绘制，用于绘制通过两个点的构造线。

1. 水平绘制（H），用于绘制通过指定点的水平构造线。

2. 垂直绘制（V），用于绘制通过指定点的垂直构造线。

3. 角度绘制（A），用于绘制指定方向的角度构造线。

4. 等分绘制（B），用于绘制平分指定 3 个点的构造线。

5. 偏移绘制（O），用于绘制指定直线的平行构造线。

运行方法：

1. 在"命令行"输入命令"XLINE"或"XL"，如图 2.1.9。

2. 在"菜单栏"中选择"绘图"下拉命令中的"构造线"，如图 2.1.10。

3. 在"功能区"的"默认"选项中，选择"绘图"面板中的"构造线"，如图 2.1.11。

4. 在"工具栏"中选择"构造线"，如图 2.1.12。

```
命令: XLINE
指定点或 [水平(H)/垂直(V)/角度(A)/二等分(B)/偏移(O)]:
指定通过点:
指定通过点:
```

图 2.1.9 在"命令行"输入"XLINE"或"XL"

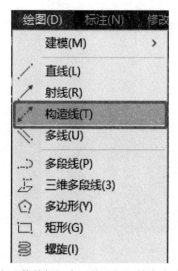

图 2.1.10 在"菜单栏"中"绘图"下拉命令中选择构造线

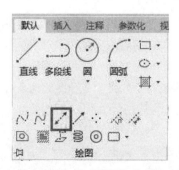

图 2.1.11 在"功能区"中"绘图"选项卡中选择构造线

图 2.1.12 在"工具栏"中选择构造线

构造线也可以搭配使用，如图 2.1.13，用垂直的构造线与水平的构造线可以绘制出一个十字构造线。

操作流程：

1. 在命令行输入"XL"+"空格键"。

2. 继续输入"H"+"空格键"。

3. 用鼠标在绘图区取点，得到一条水平的构造线。

4. 在命令行输入"XL"+"空格键"。

5. 继续输入"V"+"空格键"。

6. 用鼠标在绘图区取点，得到一条十字构造线。

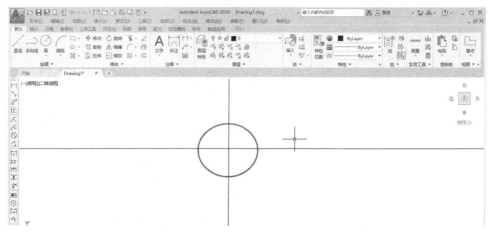

图 2.1.13 "十字构造线"

2.1.3 射线指令

创建一个确定点，并且以此点为原点，向外无限延伸的直线，称为射线。射线命令可以作为其他对象的参照。

运行方式：

1. 在"命令行"输入命令"RAY"，如图 2.1.14。

2. 在"菜单栏"中选择"绘图"下拉命令中的"射线"，如图 2.1.15。

```
RAY
指定起点：
指定通过点：
指定通过点：
```

图 2.1.14 在"命令行"输入"RAY"后确定射线的起点与通过点

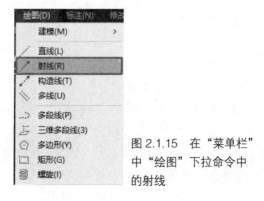

图 2.1.15 在"菜单栏"中"绘图"下拉命令中的射线

3.在"功能区"的"默认"选项中,选择"绘图"面板中的"射线",如图2.1.16。

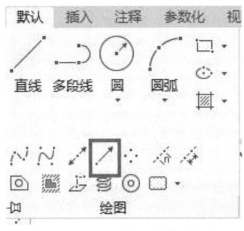

图 2.1.16 在"功能栏"中的射线图标

射线命令可以设定起点位置,如图 2.1.17,然后输入通过点的坐标即可,如图 2.1.18。命令行运行步骤,如图 2.1.19。

图 2.1.17 以(30,30)为起点的射线

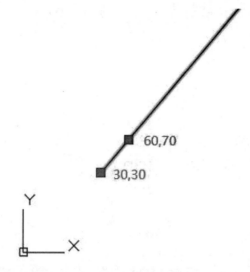

图 2.1.18　以（30，30）为原点，通过（60，70）点的射线

```
命令:
命令: _ray 指定起点: 30,30
指定通过点: @60,70
指定通过点:
命令:
```

图 2.1.19　"命令行"的步骤

2.2　圆类绘图命令

圆类的绘图命令主要包含圆、圆弧、圆环、椭圆，这几个命令也是 AutoCAD 2020 中绘制曲线最基础的命令，在绘图作业中要难于直线类绘图命令。

2.2.1　圆

圆是最简单的封闭曲线，也是绘图作业中常用到的曲线命令。

运行方法：

1. 在"命令行"输入命令"CIRCLE"或"C"。

2. 在"菜单栏"中选择"绘图"下拉命令中的"圆",如图2.2.1。

3. 在"功能区"的"默认"选项中,选择"绘图"面板中的"圆",如图2.2.2。

4. 在"工具栏"中选择"圆",如图2.2.3。

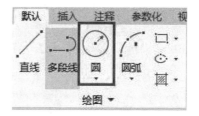

图2.2.2 在"功能栏"中的"圆"图标

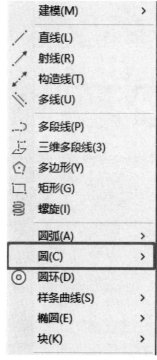

图2.2.1 在"菜单栏"中
"绘图"下拉菜单中的"圆"

图2.2.3 在"工具栏"中的"圆"

AutoCAD 2020中,提供了六种绘制圆的方法,如图2.2.4。

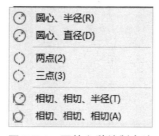

图2.2.4 圆的六种绘制方法

一、通过已知的圆心位置与半径长度绘制圆

例如，原点为已知的圆心位置，绘制一个半径为"50"的圆。

首先选择"圆"工具下的"圆心，半径"，如图 2.2.5。鼠标左键定点选择圆心位置为圆心或者直接输入坐标值"0，0"。然后再输入半径"50"，即得到图 2.2.6 的圆。

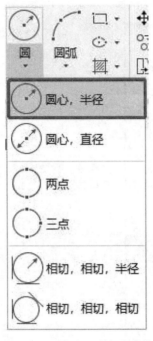

图 2.2.5 "圆心，半径"命令

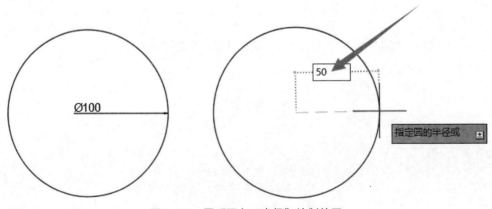

图 2.2.6 用"圆心，半径"绘制的圆

二、通过已知的圆心位置与直径长度绘制圆

例如，原点为已知的圆心位置，绘制一个直径为"50"的圆。

首先选择"圆"工具下的"圆心，直径"如图 2.2.7。鼠标左键定点选择圆心位置为圆心或者直接输入坐标值"0，0"。然后输入直径"50"，即可得到图 2.2.8 的圆。

图 2.2.7 "圆心、直径"命令

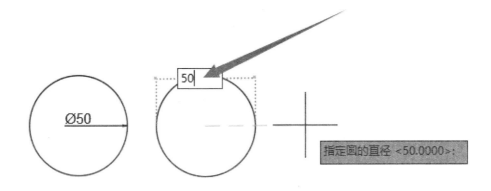

图 2.2.8 用"圆心，直径"绘制的圆

三、通过已知的线段两点位置绘制圆

例如，已知线段一端为原点（0，0），另一端坐标为（50，0）以此确定的两点绘制一个圆。

首先选择"圆"工具下的"两点"，如图 2.2.9，输入第一个点的坐标"0，0"，然后输入另外一端的坐标"50，0"，即可得到图 2.2.10 的圆。

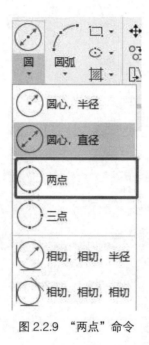

图 2.2.9 "两点"命令

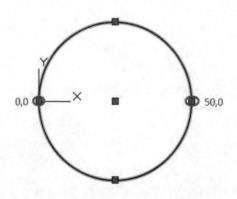

图 2.2.10 以"两点"命令绘制的圆

四、通过已知的圆弧上的三个点的位置绘制圆

例如，已知圆弧三个点的位置分别为（0，0）、（50，0）和（0，50），以此确定的三个点绘制一个圆。

首先选择"圆"工具下的"三点"，如图 2.2.11，输入第一个点的坐标"0，0"，然后确定另外一端的坐标"50，0"，最后选择第三个点的坐标"50，50"，即可得到图 2.2.12 的圆。

图 2.2.11 "三点"命令

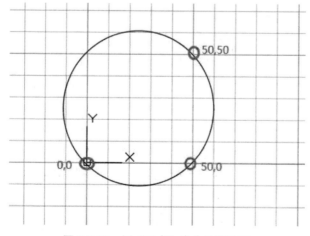

图 2.2.12 以"三点"命令绘制的圆

五、以指定的半径绘制相切于两个对象的圆

例如，已知绘制的圆的半径为"50"，相切两条已知直线的圆绘制。

首先选择"圆"工具下的"相切，相切，半径"，如图 2.2.13，选择第一个切点位置，如图 2.2.14，然后确定第二个切点位置，如图 2.2.15，最后输入圆的半径"50"，即可得到图 2.2.16 的圆。

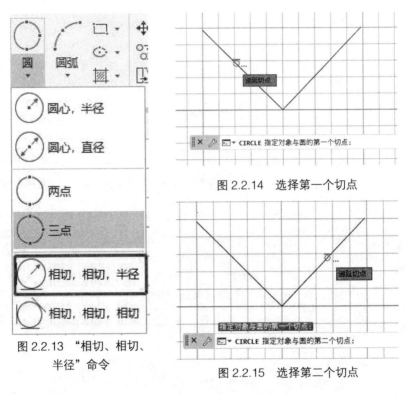

图 2.2.13 "相切、相切、半径"命令

图 2.2.14 选择第一个切点

图 2.2.15 选择第二个切点

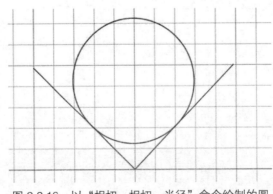

图 2.2.16 以"相切，相切，半径"命令绘制的圆

六、同时相切三个对象的圆的绘制

例如，已知相切的三个对象，如图 2.2.17。

首先选择"圆"工具下的"相切，相切，相切"，如图 2.2.18，然后分别选中与圆相切的三个对象，即可得到图 2.2.19 的圆。

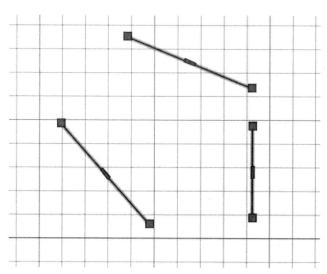

图 2.2.17　已知的三个切点对象

图 2.2.18　"相切，相切，相切"命令

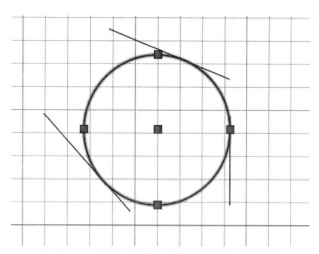

图 2.2.19　通过"相切，相切，相切"得到的圆

2.2.2 圆弧

虽然圆弧作为圆的一部分，但在实际应用当中比圆的出现更加频繁。

运行方法：

1. 在"命令行"输入命令"ARC"或"A"。

2. 在"菜单栏"中选择"绘图"下拉命令中的"圆弧"，如图 2.2.20。

3. 在"功能区"的"默认"选项中，选择"绘图"面板中的"圆弧"，如图 2.2.21。

4. 在"工具栏"中选择"圆弧"，如图 2.2.22。

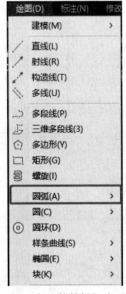

图 2.2.20 在"菜单栏"中"绘图"
下拉菜单中的"圆弧"

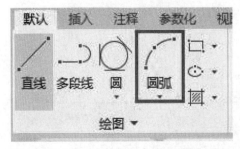

图 2.2.21 在"功能栏"中的"圆弧"图标

图 2.2.22 在"工具栏"
中的"圆图标"

AutoCAD 2020 中，提供了 5 大类绘制圆弧的方法，如果细分的话还可以分为 11 种，如图 2.2.23。

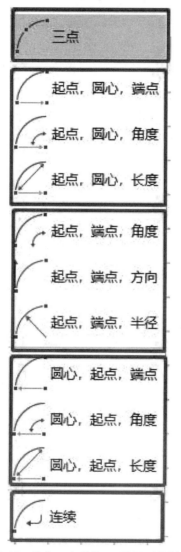

图 2.2.23　分为 5 大类共 11 种圆弧绘制命令

一、"三点"方式绘制圆弧

绘制"三点"圆弧时，在绘图区依次选择三个已知的坐标，可绘制出图 2.2.24 中的圆弧。第一个坐标和第三个坐标为该圆弧的起点与端点。

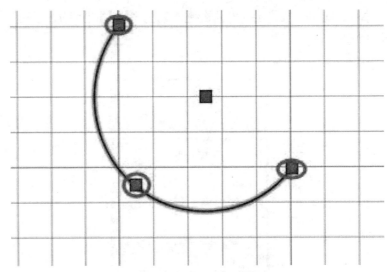

图 2.2.24　以"三点"绘制的圆弧

二、以"起点、圆心"绘制圆弧

在绘制"起点、圆心"圆弧时，分为"起点、圆心、端点"（如图 2.2.25）、"起点、圆心、角度"（如图 2.2.26）和"起点、圆心、长度"（如图 2.2.27）三种。即确认了圆弧的起点和圆心以后，可以根据端点、角度、长度的数据绘制出精准的圆弧。

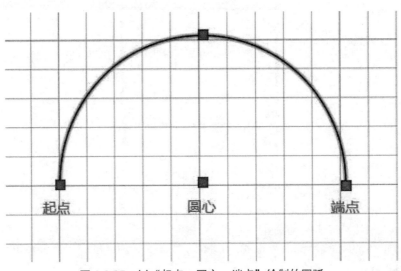

图 2.2.25　以"起点、圆心、端点"绘制的圆弧

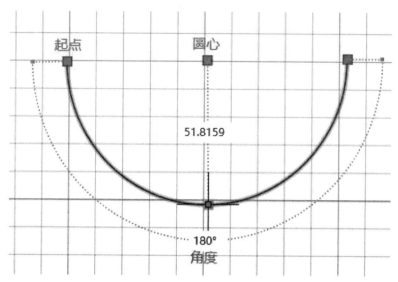

图 2.2.26 以"起点、圆心、角度"绘制的圆弧

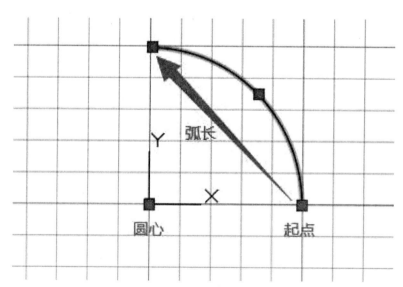

图 2.2.27 以"起点、圆心、弦长"绘制的圆弧

三、以"起点、端点"绘制圆弧

在绘制"起点、端点"圆弧时，分为"起点、端点、角度"（如图 2.2.28）、"起点、端点、方向"（如图 2.2.29）和"起点、端点、半径"（如图 2.2.30）三种。即确认了圆弧的起点和端点以后，可以根据角度、方向、半径的数据绘制出精准的圆弧。

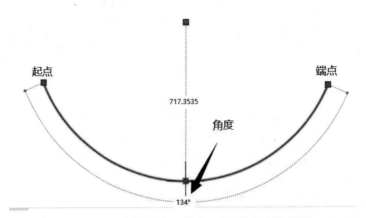

图 2.2.28 以"起点、端点、角度"绘制的圆弧

图 2.2.29 以"起点、端点、方向"绘制的圆弧

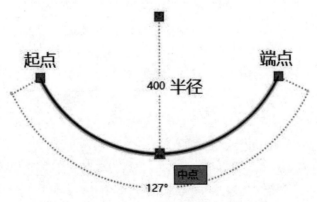

图 2.2.30 以"起点、端点、半径"绘制的圆弧

四、以"圆心、起点"绘制圆弧

在绘制"圆心、起点"圆弧时，分为"圆心、起点、端点"、"圆心、起点、角度"和"圆心、起点、长度"三种。即确认了圆弧的圆心和起点以后，可以根据端点、角度、长度的数据绘制出精准的圆弧。

五、以"连续"方式绘制圆弧

"连续"绘制圆弧需要在已有的线段或者圆弧的端点操作，所绘制的连续圆弧一定与连接的线段或者圆弧相切，在结束"连续"命令后也可以连续按两次键盘"ENTER"键，继续"连续"绘制圆弧。

如图 2.2.31，在已有的圆弧"1"基础上选择"连续"命令，会生成以圆弧"1"端点为起点的连续圆弧"2"，在完成圆弧"2"的绘制后，双击键盘"ENTER"会在圆弧"2"的端点继续绘制圆弧"3"。

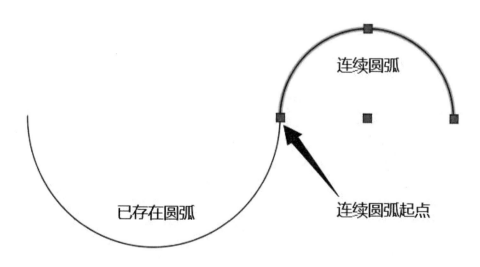

图 2.2.31 以"连续"方式绘制的圆弧组

2.2.3 圆环

可以简单的把圆环看成两个同心圆，绘图过程中可以有效绘制带有"质感"的圆形图案。

运行方法：

1. 在"命令行"输入命令"DONUT"或"DO"。

2. 在"菜单栏"中选择"绘图"下拉命令中的"圆环",如图 2.2.32。

3. 在"功能区"的"默认"选项中,选择"绘图"面板中的"圆环",如图 2.2.33。

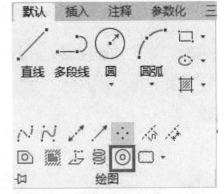

图 2.2.32 在"菜单栏"中"绘图"
　　　　　下拉菜单中的"圆环"

图 2.2.33 在"功能栏"中的"圆环"图标

在绘制圆环时，首先需要输入的是圆环的内径，然后输入圆环的外径，圆环的中心点可以用鼠标指定也可以直接输入坐标，完成的图形如图 2.2.34。

圆环的填充效果图，可以直接输入"FILL"来控制圆环是否填充。命令行命令显示，如图 2.2.35。

图 2.2.34 "圆环"命令绘制

```
命令:
命令: _donut
指定圆环的内径 <20.0000>:    指定第二点:
指定圆环的外径 <20.0000>: 30
指定圆环的中心点或 <退出>:
DONUT 指定圆环的中心点或 <退出>:
```

图 2.2.35 "圆环"制作过程中命令行显示

2.2.4 椭圆

椭圆命令也是圆类命令的一种，适合一些特殊的图形应用。

运行方法：

1. 在"命令行"输入命令"ELLIPSE"或"EL"。

2. 在"菜单栏"中选择"绘图"下拉命令中的"椭圆"，如图 2.2.36。

3. 在"功能区"的"默认"选项中，选择"绘图"面板中的"椭圆"，如图 2.2.37。

4. 在"工具栏"中选择"椭圆"，如图 2.2.38。

AutoCAD 2020 中，提供了三种绘制椭圆的方法，如图 2.2.39。在绘制椭圆的过程中，前两个点确定的是第一条轴线的角度和长度，第三个点确定的是圆心到第二条轴线的长度。

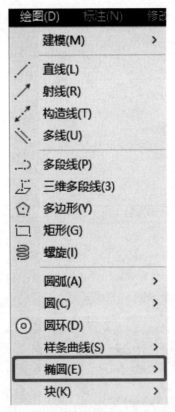

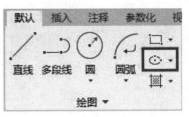

图 2.2.37 在"功能栏"中的
"椭圆"图标

图 2.2.36 在"菜单栏"中"绘图"
下拉菜单中的"椭圆"

图 2.2.38 在"工具栏"
中的"椭圆图标"

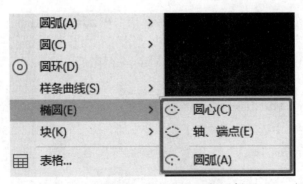

图 2.2.39 "椭圆"命令中的三种绘制方法

一、以"圆心"的方式绘制椭圆

如图 2.2.40，选择"椭圆"命令中的"圆心"，第一选择点以（0，0）原点为圆心；第二选择点确定第一轴线的长度和角度；第三选择点确定第二轴线的长度。

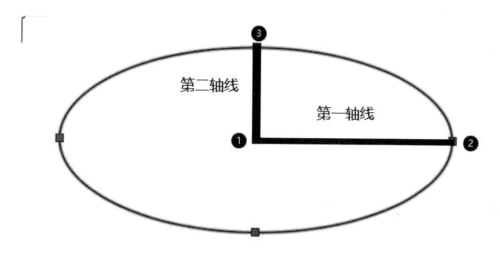

图 2.2.40 以"圆心"命令绘制的"椭圆"

二、以"轴、端点"的方式绘制椭圆

如图 2.2.41，选择"椭圆"命令中的"轴、端点"，第一选择点和第二选择点构成第一轴线的长度和角度；第三选择点为确定第二轴线的长度。

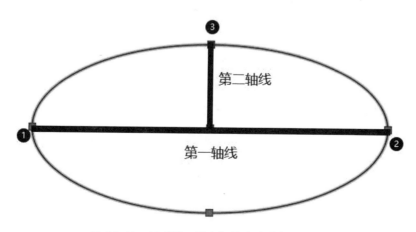

图 2.2.41 以"轴、端点"的方式绘制的"椭圆"

三、以"椭圆"的形式绘制圆弧

如图 2.2.42，选择"椭圆"命令中的"圆弧"工具，第一选择点与第二选择点确定第一个轴线的位置与长度；第三选择点确定第二个轴线的长度；然后依次在该椭圆轨迹上选择圆弧的起始点与终点，即第四选择点与第五选择点，最终得到如图 2.2.42 的圆弧。

绘制完成后，也可以根据需要调整圆弧的长度，但是必须在之前绘制的椭圆图形的轨道上进行，如图 2.2.43。

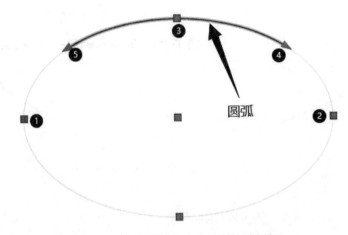

图 2.2.42 以"椭圆"命令绘制的"圆弧"

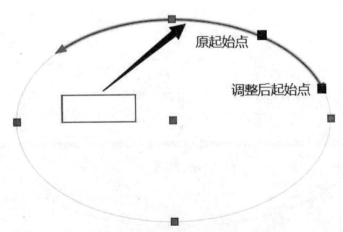

图 2.2.43 通过变更起始点得到的"新圆弧"

2.3 　点类绘图命令

点类命令在 AutoCAD 2020 中不是常用的绘图命令，但是作为 AutoCAD 2020 中最基础的命令，点类命令依靠自己强大的多功能性，在一些特殊的绘图任务中也扮演着很重要的角色。

2.3.1　点命令

"点"是组成图形最基础的元素，但是由于"点"的特殊性，在完成的效果图中基本上找不到"点"的存在，但是在绘图过程中"点"的存在，会帮助我们完成很多特殊的绘制任务，比如"定距等分""定数等分""打断于点"等命令的使用。

运行方法：

1. 在"命令行"输入命令"POINT"或"P"。

2. 在"菜单栏"中选择"绘图"下拉命令中的"点"，如图 2.3.1。

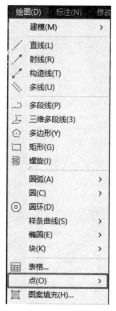

图 2.3.1　"功能栏"中"绘图"下面的"点"

3. 在"功能区"的"默认"选项中，选择"绘图"面板中的"点"，如图 2.3.2。

4. 在工具栏中选择"多点"，如图 2.3.3。

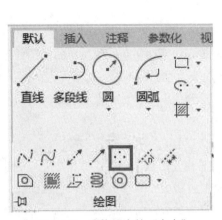

图 2.3.2　功能区中的"多点"　　　　图 2.3.3　工具栏中的"多点"

因为"点"的特殊性，在选择"点"命令的时候可以根据绘图需要设置不同的样式来表达"点"的存在形式，如图 2.3.4。可以通过输入命令"DDPTYPE"或者在"菜单栏"中的"格式"选择"点样式"命令进行选择，如图 2.3.5。

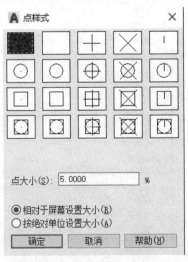

图 2.3.4　不同"点"的表达方式

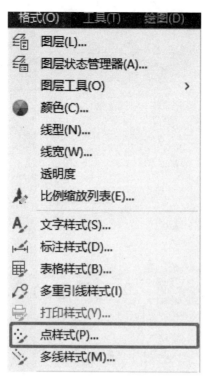

图 2.3.5 在"菜单栏"中"格式"下拉命中的中"点样式"

在"点"的操作选项中，AutoCAD 2020 提供了四种最基本的"点"的选项，我们可以根据实际绘图需要进行选择设计，如图 2.3.6。

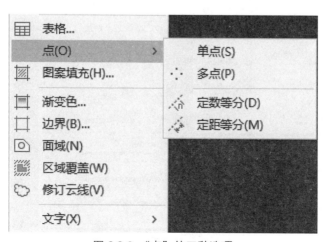

图 2.3.6 "点"的四种选项

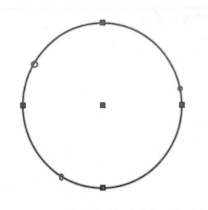

图 2.3.7 以"定数等分"建立的 3 个"点"

需要注意的是,"点"选项中的"单点"命令每次选择只能选择一个点,"多点"命令才可以输入多个点。

我们可以在绘图区中建立"圆"然后选择"点"命令中的"定数等分",选中"圆"后输入需要"3",得到如图 2.3.7 在"圆"上"定数等分"成三份的 3 个点。

"定距等分"和"定数等分"的绘制"点"的方式大致相同,只是分布的依据不再是数量而变成长度。

2.4 平面图形命令

平面图形命令是 AutoCAD 2020 中比较常用的命令。在绘制过程中可以根据绘制要求选择"矩形"和"多边形",如图 2.4.1。

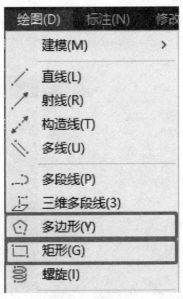

图 2.4.1 "菜单栏"中"绘图"下拉选项中的"多边形""矩形"命令

2.4.1 多边形命令

多边形是平面图形组成的基础，可以认为所有平面图形都是由多边形演变而来。

运行方法：

1. 在"命令行"输入命令"POLYGON"或"POL"。

2. 在"菜单栏"中选择"绘图"下拉命令中的"多边形"，如图2.4.2。

3. 在"功能区"的"默认"选项中，选择"绘图"面板中的"多边形"，如图2.4.3。

4. 在"工具栏"中选择"多边形"，如图2.4.4。

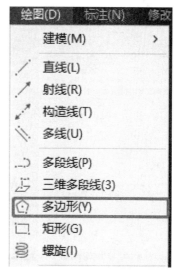

图 2.4.2　在"菜单栏"中"绘图"下拉命令中的"多边形"

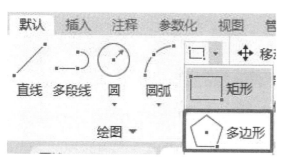

图 2.4.3　在"功能栏"中的"多边形"图标

图 2.4.4　在"工具栏"中的"多边形"图标

在运行"多边形"命令时，确定多边形的"侧面数"后敲击键盘"ENTER"确认，再次选择"内切于圆"或者"外切于圆"，最终输入圆的半径数值并且确认图形方向，如图2.4.5。

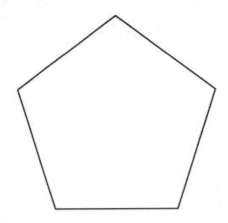

图 2.4.5　由侧面数 5，"内切于圆"，半径为 200 组成的五边形。

矩形命令

矩形可以理解为最简单的多边形，在绘图作业中是最常见的一种图形。

运行方法：

1.在"命令行"输入命令"RECTANG"或"REC"。

2.在"菜单栏"中选择"绘图"下拉命令中的"矩形"，如图 2.4.6。

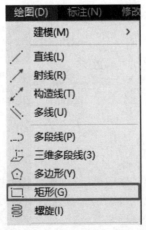

图 2.4.6　在"菜单栏"中"绘图"下拉命令中的"矩形"

3. 在"功能区"的"默认"选项中，选择"绘图"面板中的"矩形"，如图 2.4.7。

4. 在"工具栏"中选择"矩形"，如图 2.4.8。

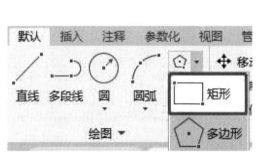

图 2.4.7 在"功能栏"中的"矩形"图标

图 2.4.8 在"工具栏"中的"矩形"图标

绘制矩形有两种常用的方法：

一、首先选择"矩形"工具，鼠标在绘图区选择矩形的"起点"，然后拖拽鼠标，即可绘制需要的"矩形"。

二、在"命令行"输入起点、终点坐标。例如以原点"0，0"作为起点，绘制一个长 800、宽 400 的矩形。首先选择"矩形"工具，输入坐标"0，0"作为起点，然后输入坐标"800，400"作为终点坐标，得到如图 2.4.9 的矩形。

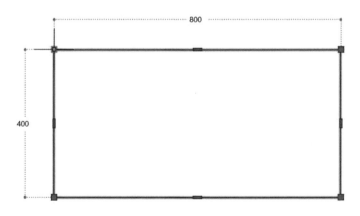

图 2.4.9 以坐标输入法绘制的矩形

2.5　复杂化二维绘图命令

在 AutoCAD 2020 中除了一些简单的二维绘图命令，还有一些较为复杂的二维绘图命令，包括多线、多段线、样条曲线等命令。

2.5.1　样条曲线

AutoCAD 2020 使用的是一种称为非均匀有理 B 样条（NURBS）曲线的特殊样条曲线类型。NURBS 曲线在控制点之间产生一条光滑的样条曲线，如图 2.5.1。

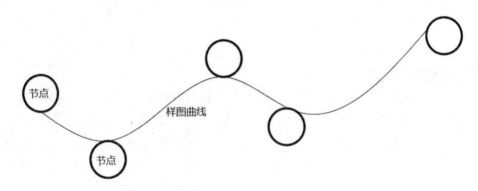

图 2.5.1　样条曲线

运行方法：

1. 在"命令行"输入命令"SPLINE"。

2. 在"菜单栏"中选择"绘图"下拉命令中的"样条曲线"，如图 2.5.2。

3. 在"功能区"的"默认"选项中，选择"绘图"面板中的"样条曲线拟合"，如图 2.5.3。

4. 在"工具栏"中选择"样条曲线"，如图 2.5.4。

样条曲线可以创建不规则的曲线，根据需要和绘制要求可以分为"样条曲线拟合"和"样条曲线控制点"两种。根据两种不同的选择方式可以分别得到图 2.5.5 的曲线与图 2.5.6 的曲线。

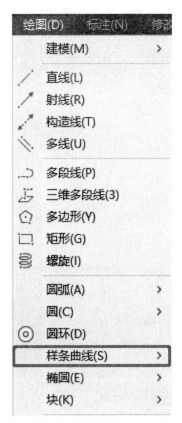

图 2.5.2 在"菜单栏"中"绘图"
下拉命令中的"样条曲线"

图 2.5.3 在"功能栏"中的
"样条曲线拟合"图标

图 2.5.4 在"工具栏"中的
"样条曲线"图标

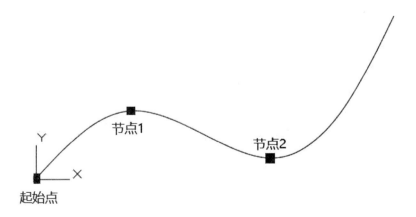

图 2.5.5 用"样条曲线拟合"的方式绘制的曲线

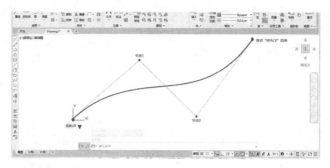

图 2.5.6　用"样条曲线控制点"的方式绘制的曲线

样条曲线创建完成后，也可以根据实际需要重新编辑样条曲线的属性。

运行方法：

1. 在"命令行"输入命令"SPLINEDIT"。

2. 在"菜单栏"中选择"修改"下拉命令中的"对象"拓展栏中的"样条曲线"，如图 2.5.7。

3. 选中要编辑的曲线后，在"绘图区"右键选项区中选择"样条曲线"，然后根据实际需要来修改曲线的数据，如图 2.5.8。

4. 在"功能区"的"修改"选项中，选择"编辑样条曲线"图标，如图 2.5.9。

5. 在"工具栏"的"修改 Ⅱ"中，选择"编辑样条曲线"，如图 2.5.10。

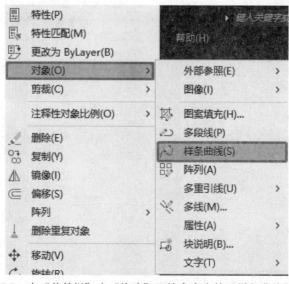

图 2.5.7　在"菜单栏"中"修改"下拉命令中的"样条曲线"选项

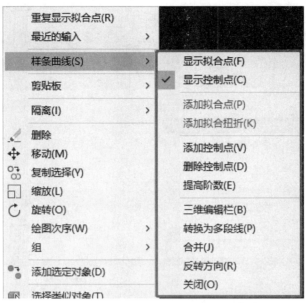

图 2.5.8　在"绘图区"右键选项中的"样条曲线"

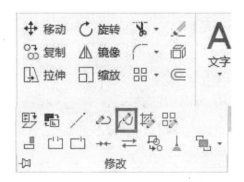

图 2.5.9　在"功能区"的"修改"命令下的"编辑样图曲线"图标

图 2.5.10　在"工具栏"的"修改 ‖"中的"编辑样图曲线"图标

2.5.2　多段线

多段线是以多线条的形式存在的，包括直线段或者圆弧等单个元素，并且可以以任何的开放或者闭合的图形出现。

1. 在"命令行"输入命令"PLINE"或"PL"。
2. 在"菜单栏"中选择"绘图"下拉命令中的"多段线",如图 2.5.11。
3. 在"功能区"的"默认"选项中,选择"多段线"图标,如图 2.5.12。
4. 在"工具栏"中选择"多段线"图标,如图 2.5.13。

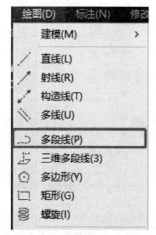

图 2.5.11 在"菜单栏"中"绘图"
下拉命令中的"多段线"

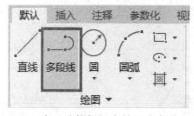

图 2.5.12 在"功能栏"中的"多段线"图标

图 2.5.13 在"工具栏"
中的"多段线"图标

　　同样作为绘制图形最基本的单元,直线与多段线的效果看似相近,实际操作却有着很大的区别,相比之下多段线的可操作性更强。

一、灵活选取

　　如图 2.5.14,分别用"直线"工具和"多段线"工具绘制两个矩形。从外观看来两个矩形没有什么区别,如果我们需要选中这个矩形进行位置上移动,差别就会显现。"多段线矩形"只需要选中其中一条线段就可以完成整体的移动;"直线矩形"需要由鼠标选中整个"直线矩形"才可以达到整体移动的效果,如果只选择单独的线段,那么被选中的元素会脱离图形,如图 2.5.15。

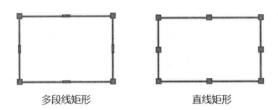

多段线矩形　　　　　　　　　直线矩形

图 2.5.14　分别绘制的"直线矩形"和"多段线矩形"

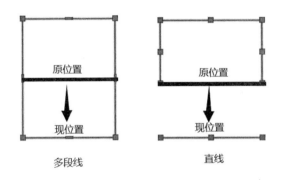

图 2.5.15　两个矩形向下拖动同位置线段后的效果图

二、灵活编辑

多段线的线段可以根据绘制需要，对每阶段的线段属性可以任意编辑，包括宽度、长度、圆弧、方向、闭合等，如图 2.5.16。

对选项命令的熟练掌握，可以更高效地完成图形的绘制工作。

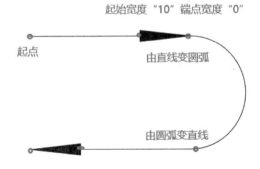

图 2.5.16　"多段线"的编辑灵活性

三、灵活转换

在闭合多段线图形中，可以根据需要将多段线图形拉伸为立体图形，这是直线工具无法做到的。另外，可以根据需要将"多段线"变成"直线"，这样也可以单独对某些单元进行调整，只要在选中"多段线"图形命令行中输入"X"即可，如图2.5.17。

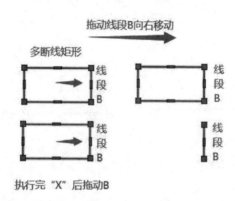

图 2.5.17 在选中"多段线矩形"输入命令"X"后达到的效果

2.5.3 多线

在 AutoCAD 2020 中还有一种线段编辑命令，就是"多线"。多线是一种复合线段，绘制流程接近"多段线"。由于"多线"是复合线段，因此在一致性上会保持得很好，并且"多线"也可以连续进行编辑。

运行方式：

1. 在"命令行"输入命令"MLINE"。

2. 在"菜单栏"中选择"绘图"下拉命令中的"多线"如图 2.5.18。

多线经常应用于建筑墙体或者电子线路等有很多统一的、规则的线条设计。

在多线的编辑中，不仅可以对多线的数量和方向进行编辑，还可以调整多线的颜色、线性或者填充属性进行编辑。

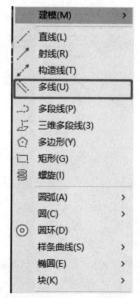

图 2.5.18 在"菜单栏"中"绘图"下拉命令中的"多线"

如图 2.5.19 中，进入到多线的编辑样式中进行设计。在样式中点击"修改"跳转到修改界面，如图 2.5.20。在这里我们可以修改起点、端点的封口样式、修改填充的颜色、修改线段的属性以及颜色等。

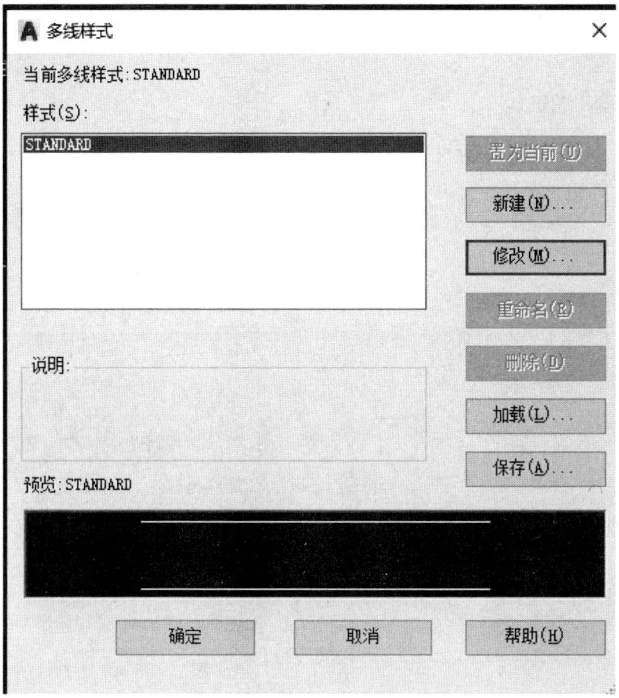

图 2.5.19 "多线"的样式编辑器

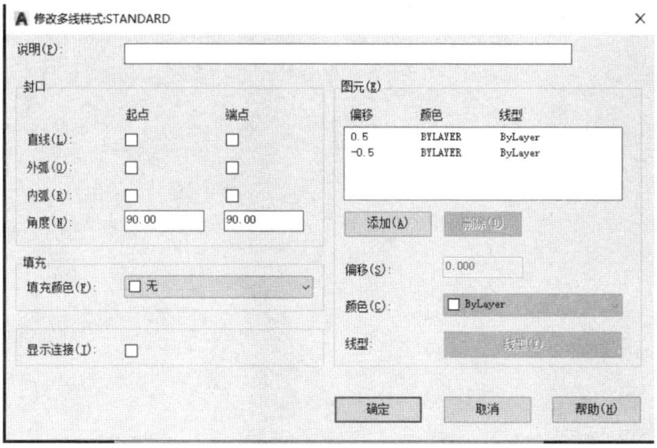

图 2.5.20 "多线样式"的"修改界面"

除了对线条属性的编辑，多线也可以编辑整体的造型。

运行方式：

1. 在"命令行"输入命令"MLEDIT"。

2. 在"菜单栏"中选择"修改"下拉命令中的"对象"，然后在右方拓展条可以选择"多线"进行编辑，如图 2.5.21。

图 2.5.21 "多线"编辑器

第三章

平面图形的编辑

在 AutoCAD 2020 中，大部分系统提供的图形都是最简易的基础图形，如果想要完成任务图形的编辑工作，需要利用系统提供的图形编辑工具进行修改。本章重点讲解基础平面图形的编辑工具种类以及实用技巧。

3.1 对象的选取

在 AutoCAD 2020 中提供了多种选取的方式，根据绘制图形的特性，熟练地选择不同的选取方式，可以有效提升我们绘图的效率。

3.1.1 构造选择集

在我们绘图的过程当中，对已有的对象进行编辑修改时，首先要做到的就是选中需要被编辑的对象。这些被选中的对象可以是一个，也可以是多个相同属性的图形集合，而选择这些对象的过程就是构造选择集。

运行方法：

1. 在"命令行"输入命令"SELECT"。

2. 选择修改命令，然后确定修改对象后，按"ENTER"确认。

3. 使用"定义对象组"进行组选择。

4. 选择需要被编辑的对象，然后再使用修改命令。

在选择需要被编辑的图形后，"十字光标"会变成"拾取"，如图 3.1.1。被选择的图像在被选择前后也会有变化，如图 3.1.2。根据图形需要选择我们需要的命令，如图 3.1.3。

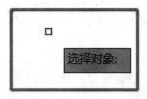

图 3.1.1 输入 "SELECT" 后十字光标变为选取形态

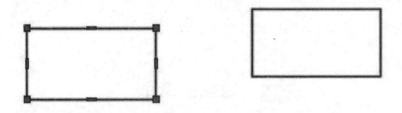

图 3.1.2 被命令 "拾取" 的对象与无命令 "拾取" 对象变化

需要点或窗口(W)/上一个(L)/窗交(C)/框(BOX)/全部(ALL)/栏选(F)/圈围(WP)/圈交(CP)/编组(G)/添加(A)/删除(R)/多个(M)/前一个(P)/放弃(U)/自动(AU)/单个(SI)/子对象(SU)/对象(O)
选择对象：指定对角点：找到 0 个

图 3.1.3 "命令行" 可执行操作

3.1.2 快速选择工具

· ·

在绘制图形过程中，有时候需要选取具有 "共通性" 的对象，比如颜色、线宽等。在面对较为复杂的图形时，如果单纯地选择这些对象，可能会因为过多的重复操作造成失误，同时也会大幅度地增加我们的工作量。

其实在 AutoCAD 2020 中，我们可以选择 "快速选择工具" 来解决上述的问题，使我们的绘制效率大幅度提升。

运行方法：

1.在 "命令行" 输入命令 "QSELECT"。

2.在 "菜单栏" 的 "工具" 下拉命令中选择 "快速选择"，如图 3.1.4。

3. 在"绘图区"鼠标右键选择"快速选择工具"，如图 3.1.5。

在执行"快速选择"命令后，根据绘图需要的选择标准创建选择集，如图 3.1.6。

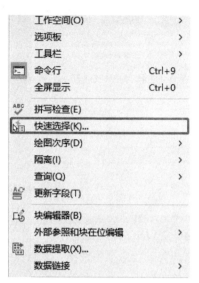

图 3.1.4 在"菜单栏"中"工具"下拉命令中的"快速选择"

图 3.1.5 在"绘图区"右键
选项栏中的"快速选择"

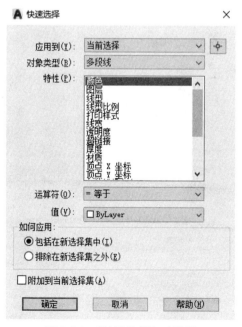

图 3.1.6 "快速选择"对话框

3.2 复制类操作命令

复制类的操作命令是 AutoCAD 2020 中最常用的操作命令，也是最简单的绘图指令。

3.2.1 复制命令

在绘图过程中，经常需要将一个对象按照指定的方向或者位置进行复制。

运行方式：

1. 在"命令行"输入命令"COPY"。

2. 在"菜单栏"的"修改"下拉命令中选择"复制"，如图 3.2.1。

3. 在"工具栏"选择"修改"中的"复制"命令。

4. 在"功能区"的"默认"选项中点击"复制"，如图 3.2.2。

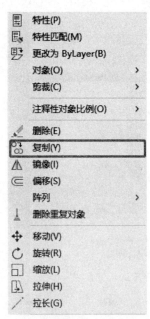

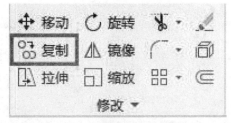

图 3.2.1 "菜单栏"中"修改"
下拉命令中的"复制"

图 3.2.2 "功能区"中"默认"
面板中的"复制"

如图 3.2.3 中，选中矩形，命令行输入"COPY"后，可选中矩形端点进行位置移动。移动方式可直接用鼠标点击或者直接输入数值坐标，如图 3.2.4。AutoCAD 2020 中的"复制"功能是连续的，在完成需要的"复制"数量后键盘敲击"SPACE"完成绘制，如图 3.2.5。

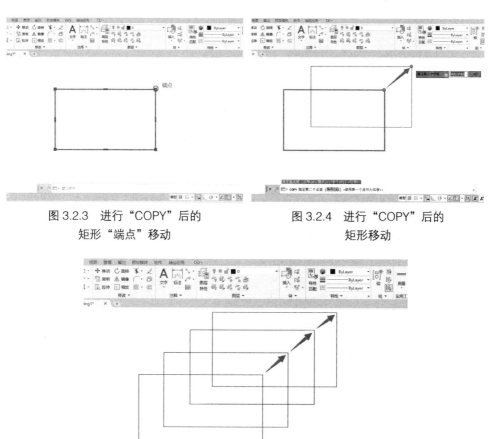

图 3.2.3　进行"COPY"后的
矩形"端点"移动

图 3.2.4　进行"COPY"后的
矩形移动

图 3.2.5　进行"COPY"后的连续"复制"

3.2.2　"镜像"命令

将图形以镜像轴为对称进行复制，可以提升绘图的工作效率。针对一些比较复杂或者有特点的图形，找到镜像轴进行一般的绘图工作，镜像后完成绘图工作。

运行方式：

1. 在"命令行"输入命令"MIRROR"。

2. 在"菜单栏"的修改下拉命令中选择"镜像"，如图 3.2.6。

3. 在"工具栏"选择"修改"中的"镜像"命令，如图 3.2.7。

4. 在"功能区"的默认选项中选择"镜像"，如图 3.2.8。

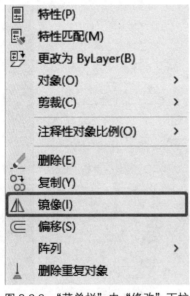

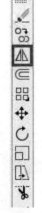

图 3.2.6 "菜单栏"中"修改"下拉 　　图 3.2.7 "功能区"中"默认"
命令中"镜像" 　　　　　　　面板中的"镜像"

图 3.2.8 "功能区"中"默认"面板中的"镜像"

　　将已有的图形进行"镜像"操作。首先选中需要被"镜像"的单位，选择"镜像"命令。连续确定镜像轴的起点与终点，镜像轴可以是图像外的一条轴线（如图 3.2.9），也可以是被"镜像"图形上的一点或者一条线，如图 3.2.10。在绘制完成后可以保留或者删除被"镜像"的图形。

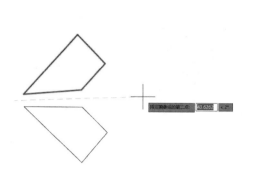

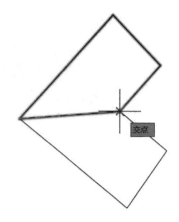

图 3.2.9　镜像轴在"图像外"　　　　图 3.2.10　镜像轴在"图像上"

"偏移"命令

· ·

偏移命令就是在原有图像形状不变的情况下，在不同的位置进行尺寸调整命令。

运行方式：

1. 在"命令行"输入命令"OFFSET"。

2. 在"菜单栏"的"修改"下拉命令中选择"偏移"，如图 3.2.11。

3. 在"工具栏"选择"修改"中的"偏移"命令，如图 3.2.12。

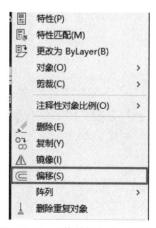

图 3.2.11　"菜单栏"中"修改"　　图 3.2.12　"工具栏"选择"修改"
　　　下拉命令中"偏移"　　　　　　　　下的"偏移"命令

4. 在"功能区"的"默认"选项中点击"偏移"，如图 3.2.13。

图 3.2.13 "功能区"中"默认"面板中的"偏移"

将已有图像进行"偏移"操作。首先选中被"偏移"的单位，选中"偏移"命令。输入要"偏移"的距离，然后鼠标选择需要偏移的方向，可以是"向外"偏移指定距离或者"向内"偏移指定距离，如图 3.2.14。

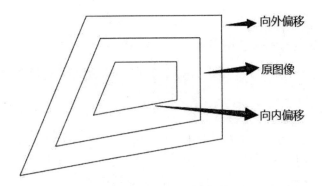

图 3.2.14 对原图像分别进行"对外偏移"和"对内偏移"操作

3.2.4 "阵列"命令

阵列命令就是将需要多次复制的单位进行路径复制、环形复制或者矩形复制的操作。

运行方式：

1. 在"命令行"输入命令"ARRAY"。

2. 在"菜单栏"的"修改"吓拉命令中选择"阵列"，如图 3.2.15。

3. 在"工具栏"选择"修改"中的"阵列"命令，如图 3.2.16。

4. 在"功能区"的"默认"选项中点击"阵列"命令，如图 3.2.17。

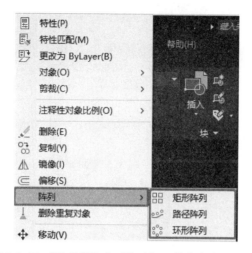

图 3.2.15 "菜单栏"中"修改"下拉命令中"阵列"

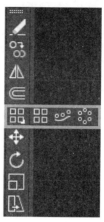

图 3.2.16 "工具栏"选择
"修改"中的"偏移"命令

图 3.2.17 "功能区"中"默认"面板中的"阵列"

阵列的运行方式有三种：

1. 矩形阵列。

选择需要编辑的单位图像，执行"矩形阵列"命令。可以根据绘制要求编辑被复制的图像的数量、行数、列数、方向、间距等属性，如图 3.2.18。同时，我们也可以在绘图区按照简便操作矩形阵列选项，以达到需要的绘制要求，如图 3.2.19。

类型	列			行 ▼			层级			特性		关闭
⊞⊞ 矩形	⫿⫿⫿ 列数:	4		⊟ 行数:	3		⧄ 级别:	1				✔
	⫿⫿⫿ 介于:	58.6369		⊟ 介于:	41.4651		⧄ 介于:	1		关联 基点		关闭 阵列
	⫿⫿⫿ 总计:	175.9107		⊟ 总计:	82.9302		⧄ 总计:	1				

图 3.2.18 "矩形阵列"选项卡

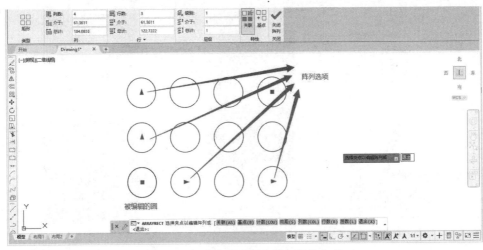

图 3.2.19 "矩形阵列"简易操作选项

2. 路径阵列。

选择需要编辑的单位图像，执行"路径阵列"命令，选择需要被执行的路径进行操作。可以根据绘制要求编辑被复制的图像的数量、行数、列数、方向、间距等属性，如图 3.2.20。同时，我们也可以在绘图区按照简便操作路径阵列选项，以达到需要的绘制要求，如图 3.2.21。

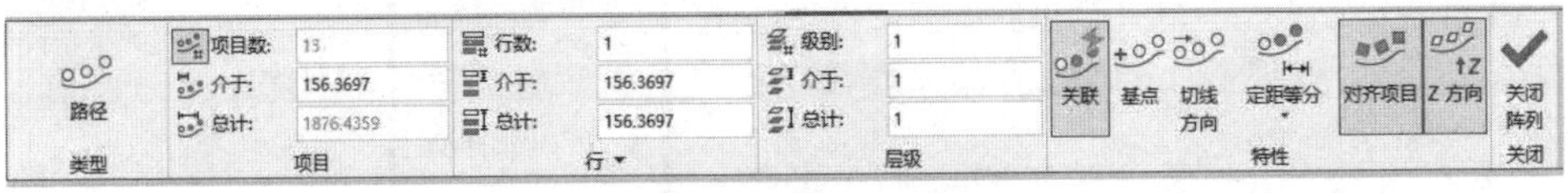

图 3.2.20 "路径阵列"选项卡

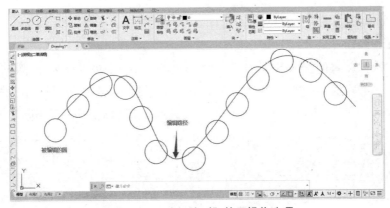

图 3.2.21 "路径阵列"简易操作选项

3. 环形阵列。

选择需要编辑的单位图像，执行"环形阵列"命令，然后设定环形矩阵的中心点。可以根据绘制要求编辑被复制的图像的数量、行数、列数、方向、间距等属性，如图 3.2.22。同时，我们也可以在绘图区按照简便操作路径阵列选项，以达到需要的绘制要求，如图 3.2.23。

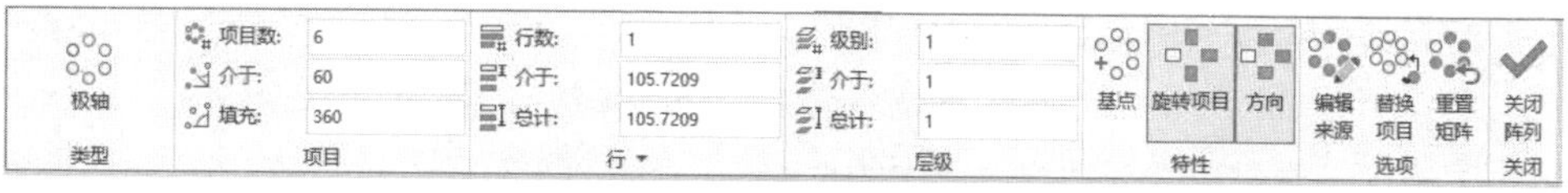

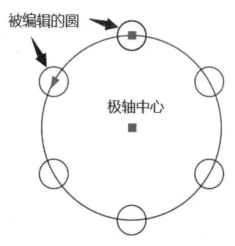

图 3.2.22 "环形阵列"选项卡

图 3.2.23 "环形阵列"简易操作选项

3.3 移动类操作指令

移动类的操作指令是按照绘图要求，将已经绘制好的图形单位移动到指定的位置。因为在绘制图形过程中，经常由于图形的复制程度需要单独绘制图形，然后再"拼接"到指定位置，所以移动类的操作指令看起来很简单，但是也是需要熟练掌握的一个基础操作命令。移动类的操作指令主要包括移动、旋转、缩放命令。

3.3.1 移动命令

移动命令是将图形按照绘制要求移动到指定位置，只是改变图形的坐标，并不改变图形的其他属性。

运行方式：

1. 在"命令行"输入命令"MOVE"。

2. 在"菜单栏"的"修改"下拉命令中选择"移动"，如图 3.3.1。

3. 在"工具栏"选择"修改"中的"移动"。如图 3.3.2。

4. 在"功能区"的"默认"选项中点击"移动"，如图 3.3.3。

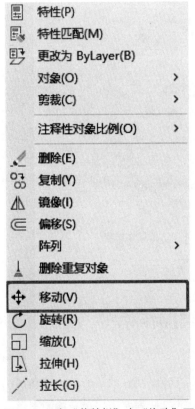

图 3.3.1 在"菜单栏"中"修改"下拉命令行中的"移动"

图 3.3.2 在"工具栏"中的"移动"

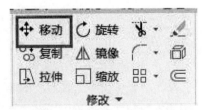

图 3.3.3 在"功能区"中的"移动"

在移动命令操作中，可以按照指定的基点进行移动，如图 3.3.4，或者按照指定位移进行移动，如图 3.3.5。

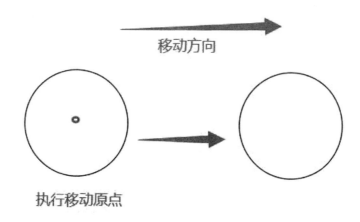

图 3.3.4　以原点为基点位移

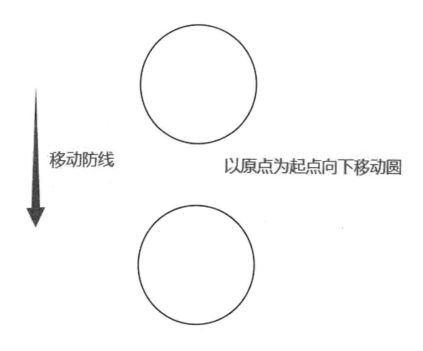

图 3.3.5　以指定的点为基点位移

3.3.2 旋转命令

旋转命令是以指定点为中心进行一定角度的旋转，从而得到新的图形的命令操作。

运行方式：

1. 在"命令行"输入命令"ROTATE"。

2. 在"菜单栏"的"修改"下拉命令中选择"旋转"，如图 3.3.6。

3. 在"工具栏"选择"修改"中的"旋转"，如图 3.3.7。

4. 在"功能区"的"默认"选项中点击"旋转"，如图 3.3.8。

图 3.3.6 在"菜单栏"中"修改"下
拉命令行中的"旋转"

图 3.3.7 在"工具栏"中的"旋转"

图 3.3.8　在"功能区"中的"旋转"

在旋转命令操作中，可以按照指定的基点进行旋转，如图 3.3.9。

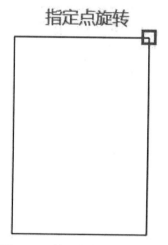

图 3.3.9　按照指定点进行旋转

3.3.3　缩放命令

缩放命令是将图形按照基点进行比例缩放或放大的操作，在保证图形位置、方向不变的情况下进行大小调整的过程。

运行方式：

1. 在"命令行"输入命令"SCALE"。

2. 在"菜单栏"的"修改"下拉命令中选择"缩放"，如图 3.3.10。

3. 在"工具栏"选择"修改"中的"缩放"，如图 3.3.11。

4. 在"功能区"的"默认"选项中点击"缩放"，如图 3.3.12。

图 3.3.11 在"工具栏"中的"缩放"

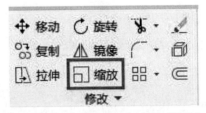

图 3.3.10 在"菜单栏"中"修改"
下拉命令行中的"缩放"

图 3.3.12 在"功能区"中的"缩放"

第四章

高级修改命令

在上一章内容中我们阐述了一部分图形编辑工具，但只是用于对图形进行位置或者方向上的基础变更。通常，我们绘制的图形往往需要改变图形基础属性，例如修剪多余部分、将图形有效部分进行延伸、将直角图形进行倒角或者圆角操作等。所以，本章将着重讲解更改图形基础属性的修改工具。

4.1 修剪类操作命令

修剪类操作命令包括修剪、删除、延伸、拉伸、拉长等命令，这些命令改变了图形的几何特性，主要目的是为了将修剪的元素更好地融入图形当中。

4.1.1 修剪命令

修剪命令是将超出制图边界的部分删除掉，将制图需要的部分保留。

运行方式：

1. 在"命令行"输入命令"TRIM"。

2. 在"菜单栏"的"修改"下拉命令中选择"修剪"，如图 4.1.1。

3. 在"工具栏"选择"修改"中的"修剪"图标，如图 4.1.2。

4. 在"功能区"的"默认"选项中点击"修剪"图标，如图 4.1.3。

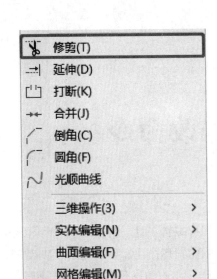

图 4.1.1 "菜单栏"的"修改"
下拉命令中的"修剪"

图 4.1.2 "工具栏"选择"修改"
中的"修剪"图标

图 4.1.3 在"功能区"的"默认"选项中点击"修剪"图标

　　在绘图区绘制三条直线，形状如图 4.1.4。单击"修剪"命令随后分别选择两条竖线为剪切边，选定剪切边后敲击键盘"ENTER"或者空格键。然后选择需要修剪的目标，鼠标移动到该位置时发现被修剪的单位会呈现灰色，这就证明已经可以修剪，如图 4.1.5。单击选择需要被修剪的部分就可以直接删除掉，如图 4.1.6。

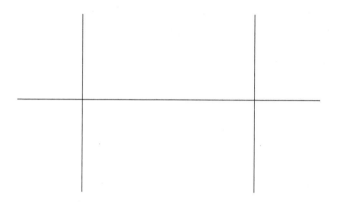

图 4.1.4　绘制的三条直线图形

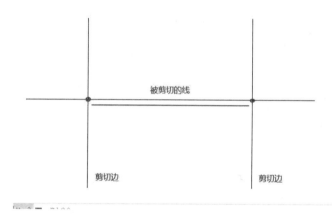

图 4.1.5　运行"剪切"命令后的状态

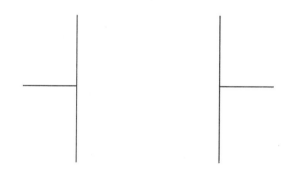

图 4.1.6　"剪切"后的状态

如果在选择对象时，按住了"SHEFT"键，系统会自动将"修剪"命令转化成延伸命令。延伸命令与剪切命令相反，可按照相同步骤将图 4.1.6 还原成图 4.1.4 的形状。

4.1.2 延伸命令

延伸命令是将有断点的线段，通过延伸重新绘制在一起。

运行方式：

1. 在"命令行"输入命令"EXTEND"。

2. 在"菜单栏"的"修改"下拉命令中选择"延伸"，如图 4.1.7。

3. 在"工具栏"选择"修改"中的"延伸"图标，如图 4.1.8。

4. 在"功能区"的"默认"选项中点击"延伸"图标，如图 4.1.9。

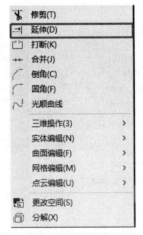

图 4.1.7　在"菜单栏"的"修改"下
拉命令中选择"延伸"

图 4.1.8　在"工具栏"选择"修改"
中的"延伸"图标

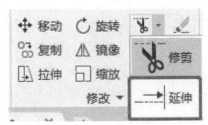

图 4.1.9　在"功能区"的"默认"选项中点击"延伸"图标

4.1.3 拉伸命令

拉伸对象一般是用来修复被操作变形的图像或者需要局部拉伸的图像，在使用时应先指定需要拉伸的基点。

运行方式：

1. 在"命令行"输入命令"STRETCH"。

2. 在"菜单栏"的"修改"下拉命令中选择"拉伸"，如图4.1.10。

3. 在"工具栏"选择"修改"中的"拉伸"图标，如图4.1.11。

4. 在"功能区"的"默认"选项中点击"拉伸"图标，如图4.1.12。

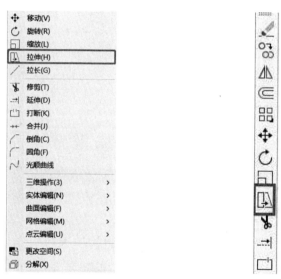

图 4.1.10 在"菜单栏"的"修改" 图 4.1.11 在"工具栏"选择"修改"
下拉命令中选择"拉伸" 中的"拉伸"图标

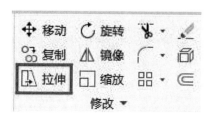

图 4.1.12 在"功能区"的"默认"选项中点击"拉伸"图标

4.1.4 拉长命令

拉长命令可以改变被修改图形的长度或者角度。

运行方式：

1. 在"命令行"输入命令"LENGTHEN"。

2. 在"菜单栏"的"修改"下拉命令中选择"拉长"，如图 4.1.13。

3. 在"功能区"的"默认"选项中点击"拉长"图标，如图 4.1.14。

拉伸与拉长命令都可以改变图形的大小，但是不同的地方在于拉伸还可以改变图形的形状，并且可以一次性框选多个对象，而拉长只可以改变对象的长度。

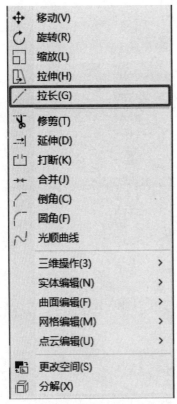

图 4.1.13 在"菜单栏"的"修改"
下拉命令中选择"拉长"

图 4.1.14 在"功能区"的"默认"
选项中点击"拉长"图标

4.2 倒角类命令

倒角类命令包括倒角命令、圆角命令和光顺曲线命令。在制图过程中会频繁地使用这些命令，并不是因为图形外观需要，而是因为有些图形的倒角与圆角数值需要很精确。

4.2.1 倒角命令

倒角是用斜线连接两个不平行的直线段、射线或者多段线的线型对象。

运行方式：

1. 在"命令行"输入命令"CHAMFER"。

2. 在"菜单栏"的"修改"下拉命令中选择"倒角"，如图4.2.1。

3. 在"工具栏"选择"修改"中的"倒角"图标，如图4.2.2。

4. 在"功能区"的"默认"选项中点击"倒角"图标，如图4.2.3。

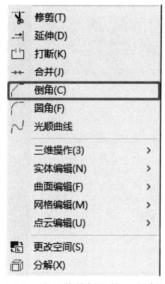

图4.2.1 在"菜单栏"的"修改"下
拉命令中选择"倒角"

图4.2.2 在"工具栏"选择"修改"
中的"倒角"图标

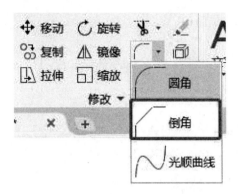

图 4.2.3 在"功能区"的"默认"
选项中点击"倒角"图标

在执行倒角命令时，先选择"倒角"命令，然后选择第一条直线需要倒角的线段，输入命令"D"敲击回车确认。接下来分别输入两个斜线距离，即从被连接的对象与斜线的交点到被连接的两个对象未倒角之前的交点之间的距离，最后选择第二个倒角线段。

将图 4.2.4 中的标记点进行倒角操作，按上述操作命令执行完倒角"D"距离为50 时，得到图 4.2.5。

如果想对整个图形进行编辑，那么在执行选择第一条被执行线段前输入命令"P"即可对整个多段线进行操作，如图 4.2.6。

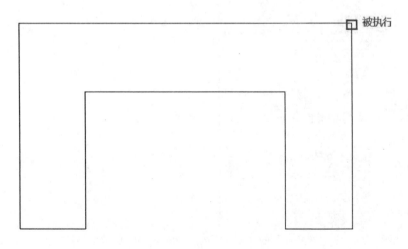

图 4.2.4 被执行"倒角"的图形交点

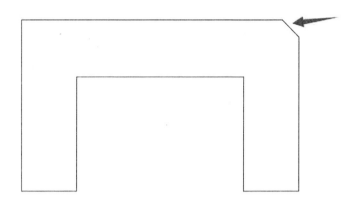

图 4.2.5 按照 "D" 距离执行完 "倒角" 后的图形

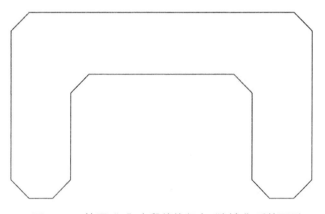

图 4.2.6 按照 "P" 多段线执行完 "倒角" 后的图形

4.2.2 圆角

圆角就是创建一段连接两个线型单位的指定半径的圆弧。

运行方式:

1. 在 "命令行" 输入命令 "FILLET"。

2. 在 "菜单栏" 的 "修改" 下拉命令中选择 "圆角", 如图 4.2.7。

3. 在 "工具栏" 选择 "修改" 中的 "圆角" 图标, 如图 4.2.8。

4. 在 "功能区" 的 "默认" 选项中点击 "圆角" 图标, 如图 4.2.9。

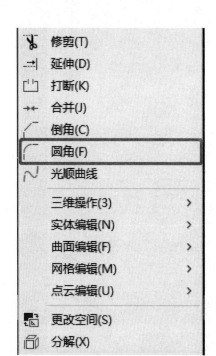 

图 4.2.7 在"菜单栏"的"修改"下 　图 4.2.8 在"工具栏"选择"修改"

拉命令中选择"圆角" 　　　　　　　中的"圆角"图标

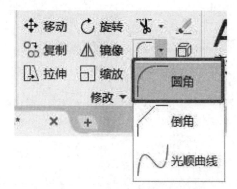

图 4.2.9 在"功能区"的"默认"选项中点击"圆角"图标

在执行倒角命令时，先选择"圆角"命令，然后选择第一条直线需要"圆角"的线段，输入圆角半径"R"的值，敲击回车确认。接下来选择第二个倒角线段即可以完成圆角操作。

将图 4.2.10 中的标记点进行"圆角"操作，按上述操作命令执行完"R=100"得到图 4.2.11。

如果想对整个图形进行编辑，那么在执行选择第一条被执行线段前输入命令"P"即可对整个多段线进行操作，得到图 4.2.12。

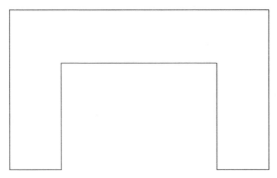

图 4.2.10　执行"圆角"的图形交点

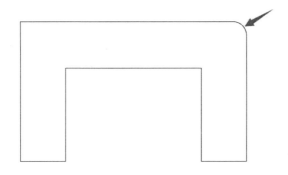

图 4.2.11　按照"R=100"执行完"圆角"后的图形

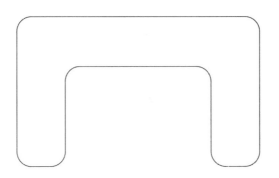

图 4.2.12　按照"P"多段线执行完"圆角"后的图形

4.2.3 光顺曲线

光顺曲线可以将两条线段平滑的连接在一起。

运行方式：

1. 在"命令行"输入命令"LOFT"。

2. 在"菜单栏"的"修改"下拉命令中选择"光顺曲线"，如图 4.2.13。

3. 在"工具栏"选择"修改"中的"光顺曲线"图标，如图 4.2.14。

4. 在"功能区"的"默认"选项中点击"光顺曲线"图标，如图 4.2.15。

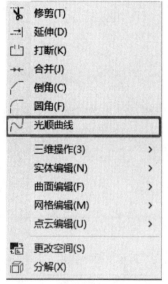

图 4.2.13 在"菜单栏"的"修改" 图 4.2.14 在"工具栏"选择"修改"
下拉命令中选择"光顺曲线" 中的"光顺曲线"图标

图 4.2.15 在"功能区"的"默认"选项中点击"光顺曲线"图标

4.3　合并类命令

合并类命令包括合并命令、打断命令、分解命令，需要将图形分解或者组合时会经常用到。

4.3.1　合并命令

制图过程中，经常需要将分散的图形单位进行合并处理，这里就会用到合并命令。

运行方式：

1. 在"命令行"输入命令"JOIN"。

2. 在"菜单栏"的"修改"下拉命令中选择"合并"，如图 4.3.1。

3 在"工具栏"选择"修改"中的"合并"图标，如图 4.3.2。

4. 在"功能区"的"默认"选项中点击"合并"图标，如图 4.3.3。

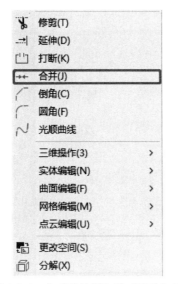

图 4.3.1　在"菜单栏"的"修改"下　　图 4.3.2　在"工具栏"选择"修改"
拉命令中选择"合并"　　　　　　　　中的"合并"图标

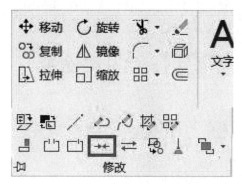

图 4.3.3 在"功能区"的"默认"选项中点击"合并"图标

4.3.2 分解命令

分解命令与合并命令相反，是将一个图形单位分解开。

运行方式：

1. 在"命令行"输入命令"EXPLODE"。

2. 在"菜单栏"的"修改"下拉命令中选择"分解"，如图 4.3.4。

3. 在"工具栏"选择"修改"中的"分解"图标，如图 4.3.5。

4. 在"功能区"的"默认"选项中点击"分解"图标，如图 4.3.6。

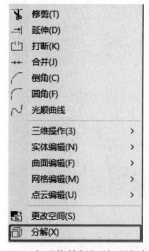

图 4.3.4 在"菜单栏"的"修改"下 拉命令中选择"分解"

图 4.3.5 在"工具栏"选择"修改" 中的"分解"图标

图 4.3.6 在"功能区"的"默认"选项中点击"分解"图标

4.3.3 打断命令

打断命令是将两点之间的连接删除，创建一段间隔。

运行方式：

1. 在"命令行"输入命令"BREAK"。

2. 在"菜单栏"的"修改"下拉命令中选择"打断"，如图 4.3.7。

3. 在"工具栏"选择"修改"中的"打断"图标，如图 4.3.8。

4. 在"功能区"的"默认"选项中点击"打断"图标，如图 4.3.9。

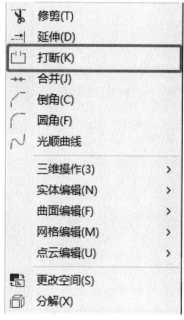

图 4.3.7 在"菜单栏"的"修改"下
拉命令中选择"打断"

图 4.3.8 在"工具栏"选择"修改"
中的"打断"图标

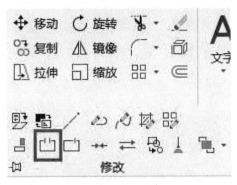

图 4.3.9　在"功能区"的"默认"选
项中点击"打断"图标

　　"打断于点"命令和"打断"命令很像，不过"打断于点"命令只能在图形上的一点进行打断，而且中间没有间隔。

第五章

文本表格

在 AutoCAD 2020 中，文本的编辑也是很重要的一部分。在进行图形设计的时候，需要将一些重要信息通过文本注释的手段插入到图纸当中去，并且有些设计需要表格的绘制。本章主要内容包括如何编辑文本、修改文本批注、修订文本格式、修改文本样式、创建表格等。

5.1　文本样式

运行方式：

1. 在"命令行"输入命令"STYLE"。

2. 在"菜单栏"的"格式"下拉命令中选择"文字样式"，如图 5.1.1。

3. 在"工具栏"选择"文字"中的"文字样式"图标，如图 5.1.2。

4. 在"功能区"的"默认"选项中点击"注释"面板中的"文字样式"图标，如图 5.1.3。

打开"文本样式"，如图 5.1.4，可以根据需要修改文本的样式、字体大小、颠倒、反向效果等。

图 5.1.2　在"工具栏"选择"文字"
中的"文字样式"图标

图 5.1.1　在"菜单栏"的"格式"下
拉命令中选择"文字样式"

图 5.1.3　在"功能区"的"默认"选项中
点击"注释"面板中的"文字样式"图标

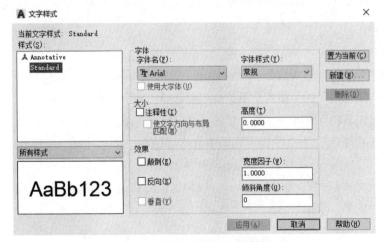

图 5.1.4　"文本样式"选项卡

编辑文本

在 AutoCAD 2020 中，可以通过"文字样式"直接对文本进行编辑。

运行方式：

1. 在"命令行"输入命令"TEXTEDIT"。

2. 在"菜单栏"的"修改"下拉命令中选择"对象"，拓展栏中选择"文字"，如图 5.1.5。

3. 在"工具栏"选择"文字"中的"编辑"图标，如图 5.1.6。

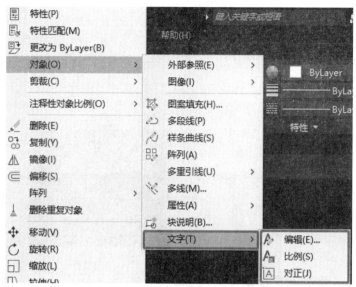

图 5.1.5　在"菜单栏"的"修改"下拉命令中选择"对象"，拓展栏中选择"文字"

图 5.1.6　在"工具栏"选择"文字"中的"编辑"图标

5.2　文本标注

一张完整的图形，需要很多信息搭配共同完成，尤其是文本标注，能让图形更加具有完整性。

5.2.1　单行文本标注

图形信息需要的文字阐述比较简短的时候，用单行的文本标注就可以完成。单行的文本标注信息中每行都是一个独立的单位，可以直接对其移动、修改或者执行其他操作。

运行方式：

1. 在"命令行"输入命令"TEXT"。

2. 在"菜单栏"的"绘图"下拉命令中选择"文字"的拓展命令"单行文字"，如图5.2.1。

3. 在"工具栏"选择"文字"中的"单行文字"图标，如图5.2.2。

4. 在"功能区"的"默认"选项中点击"单行文字"图标，如图5.2.3。

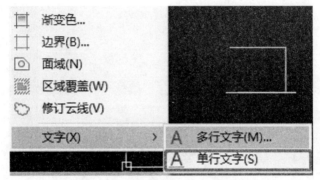

图 5.2.1　在"菜单栏"的"绘图"下拉命令中选择"文字"的
拓展命令"单行文字"

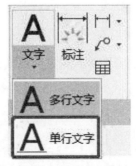

图 5.2.2　在"工具栏"选择"文字"中的"单行文字"图标

图 5.2.3　在"功能区"的"默认"选项中点击"单行文字"图标

在插入"单行文字"时，首先输入文字的起始点或者鼠标点击选择，其次输入字体的高度，再确认字体的旋转角度，最后输入字体完成编辑。

5.2.2　多行文本标注

如果阐述的文本信息比较多或者需要分多行标注时，一般会用到多行文本标记。

运行方式：

1. 在"命令行"输入命令"MTEXT"。

2. 在"菜单栏"的"绘图"下拉命令中选择"文字"的拓展命令"多行文字"，如图5.2.4。

3. 在"工具栏"选择"文字"中的"多行文字"图标，如图5.2.5。

4. 在"功能区"的"默认"选项中点击"多行文字"图标，如图5.2.6。

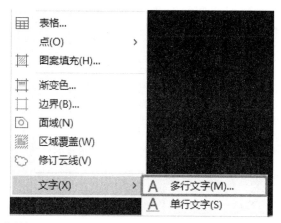

图5.2.4　在"菜单栏"的"绘图"下拉命令中选择"文字"的拓展命令"多行文字"

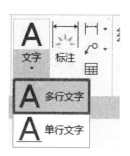

图5.2.5　在"工具栏"选择"文字"
中的"多行文字"图标

图5.2.6　在"功能区"的"默认"选
项中点击"多行文字"图标

单行文字标注和多行文字标注都可以在"功能栏"中的文字编辑器中修改字体样式，如图 5.2.7。有些工程图纸需要用到特殊的符号样式，可以在"文字编辑器"中选择，如图 5.2.8。打开"符号"下拉命令中的"其他"可以看到字符映射表进行选择，如图 5.2.9。

图 5.2.7　文字编辑器

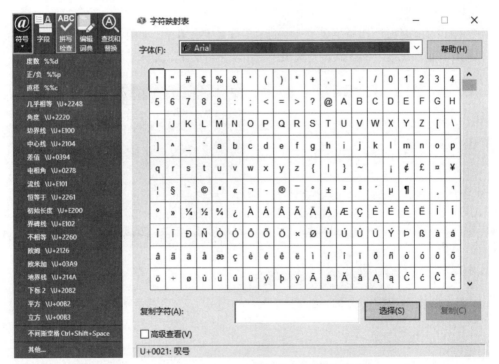

图 5.2.8　符号选择　　　　　图 5.2.9　字符映射表

5.3　绘制表格

在 AutoCAD 2020 中，经常需要插入表格对图形中的单位进行更详细的说明。

5.3.1 表格样式

在 AutoCAD 2020 中，可以直接对表格的属性进行编辑，而表格样式就是来定义表格属性的。

运行方式：

1. 在"命令行"输入命令"TABLESTYLE"。

2. 在"菜单栏"的"样式"下拉命令中选择"表格样式"，如图 5.3.1。

3. 在"工具栏"选择"样式"中的"表格样式"图标，如图 5.3.2。

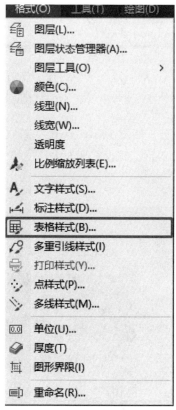

图 5.3.1 在"菜单栏"的"样式"下拉命令中选择"表格样式"

图 5.3.2 在"工具栏"选择"样式"中的"表格样式"图标

4. 在"功能区"的"默认"选项中的"注释"面板中点击"表格样式"图标，如图 5.3.3。

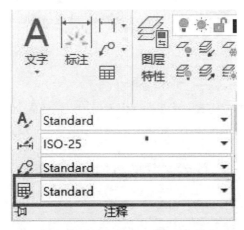

图 5.3.3　在"功能区"的"默认"选项中的
"注释"面板中点击"合并"图标

打开"表格样式"对话框，如图 5.3.4。点击"修改"进入修改表格样式选项界面，如图 5.3.5。在"修改"界面，根据需要对表格的样式、字体、边框、填充等属性进行设定。

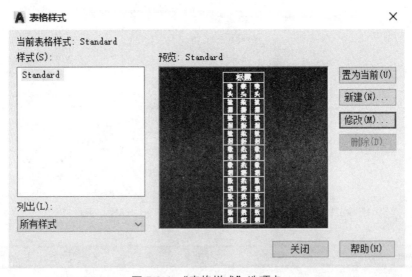

图 5.3.4　"表格样式"选项卡

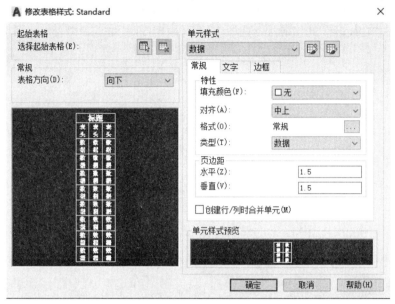

图 5.3.5 "修改表格样式"选项卡

5.3.2 新建表格

完成"表格样式"设定后，可以直接在 AutoCAD 2020 中创建表格。

运行方式：

1. 在"命令行"输入命令"TABLE"。

2. 在"菜单栏"的"绘图"下拉命令中选择"表格"，如图 5.3.6。

图 5.3.6 在"菜单栏"的"绘图"下拉命令中选择"表格"

3. 在"工具栏"选择"绘图"中的"表格"图标，如图 5.3.7。

4. 在"功能区"的"默认"选项中的"注释"面板中点击"表格"图标，如图 5.3.8。

图 5.3.7　在"工具栏"选择"绘图"中的"表格"图标

图 5.3.8　在"功能区"的"默认"选项中的"注释"面板中点击"表格"图标

设定表格样式后可直接建立表格。插入表格，如图 5.3.9。在表格插入选项界面，可选择设定好的"表格样式"，接下来就可以对插入方式、数据插入方式、行属性、列属性等进行设定。在"预览"界面可以预览我们设定的表格。

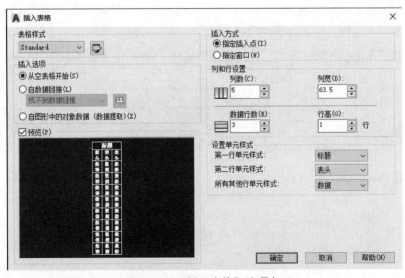

图 5.3.9　"插入表格"选项卡

表格插入后，如图 5.3.10。表格上附带了快捷调整节点，可以根据需要进行调整，或者打开工具栏中的"表格单元"，如图 5.3.11，进行细化调整。

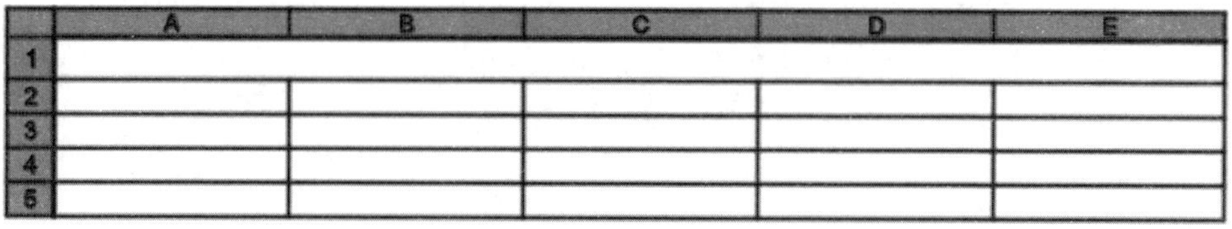

	A	B	C	D	E
1					
2					
3					
4					
5					

图 5.3.10　在绘图区插入的表格

图 5.3.11　"工具栏"中的"表格单元"

第六章

尺寸标注

尺寸标注是绘图过程中非常重要的一个环节，没有尺寸标注的图形的是没有实用价值的。

6.1 尺寸样式

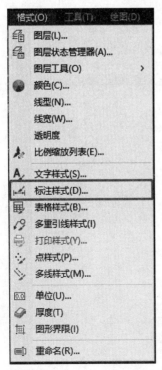

图 6.1.1 在"菜单栏"的"格式"下拉命令中选择"标注样式"

在 AutoCAD 2020 中，尺寸样式和文本样式一样，都有其对应的尺寸样式。

运行方式：

1. 在"命令行"输入命令"DIMSTYLE"。

2. 在"菜单栏"的"格式"下拉命令中选择"标注样式"，如图 6.1.1。

3. 在"工具栏"选择"标注"中的"标注样式"图标，如图 6.1.2。

4. 在"功能区"的"默认"选项中选择"注释"面板中的"标注样式"图标，如图 6.1.3。

图 6.1.2　在"工具栏"选择"标注"中的"标注样式"图标

图 6.1.3　"功能区"的"默认"选项中选择"注释"面板中的"标注样式"图标

打开后的"标注样式"如图 6.1.4。"标注样式管理器"中样式默认和"文字样式""表格样式"都是"Standard"，在"修改"界面中多了更多的可调整性，如图 6.1.5。

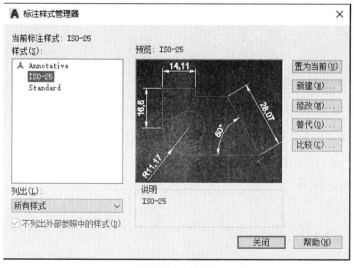

图 6.1.4　"标注样式管理器"选项卡

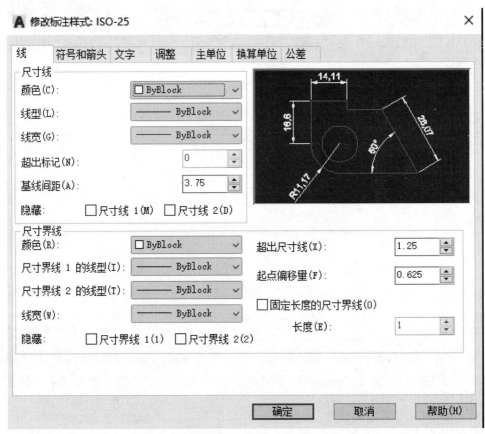

图 6.1.5 "修改标注样式"中的修改选项

6.2 标注尺寸

保证尺寸的标准、保证标注范围的精确是一张合格图形必要的条件。

6.2.1 快速标注

标注比较简单的线性目标或者圆、圆弧时，用快速标注会提高我们的绘图效率。

运行方式：

1.在"命令行"输入命令"QDIM"。

2. 在"菜单栏"的"标注"下拉命令中选择"快速标注",如图 6.2.1。

3. 在"工具栏"选择"标注"中的"快速标注"图标,如图 6.2.2。

图 6.2.1 在"菜单栏"的"标注"下
拉命令中选择"快速标注"

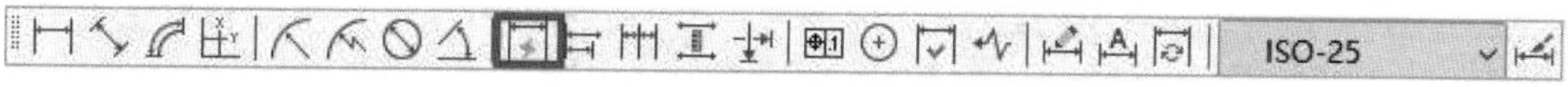

图 6.2.2 在"工具栏"选择"标注"中的"快速标注"图标

选择"快速标注"后,鼠标指针会变成"拾取"形状,这时选择需要被标记的
目标,然后分别选择被标记目标的两个端点,就可以完成快速标注,同时可以用鼠
标进行拉伸。

6.2.2 线性标注

线性标注常用于标注目标图形的线性距离,主要包括水平方向和垂直方向。

运行方式:

1. 在"命令行"输入命令"DIMLINEAR"或"DLI"。

2. 在"菜单栏"的"标注"下拉命令中选择"线性",如图 6.2.3。

3. 在"工具栏"选择"标注"中的"线性"图标,如图 6.2.4。

4. 在"功能区"的"注释"面板中的"线性"图标,如图 6.2.5。

图 6.2.3 在"菜单栏"的"标注"下
拉命令中选择"线性"

图 6.2.4 在"工具栏"选择"标注"中的"线性"图标

图 6.2.5 在"功能区"的"默认"选项中选择"注释"面板中的"线性"图标

6.2.3　对齐标注

对齐标注是标注目标两个端点的实际尺寸。

运行方式：

1. 在"命令行"输入命令"DAL"。

2. 在"菜单栏"的"标注"下拉命令中选择"对齐"，如图 6.2.6。

图 6.2.6　在"菜单栏"的"标注"下
拉命令中选择"对齐"

3. 在"工具栏"选择"标注"中的"对齐"图标，如图 6.2.7。

4. 在"功能区"的"默认"选项中选择"注释"面板中的"对齐"图标，如图 6.2.8。

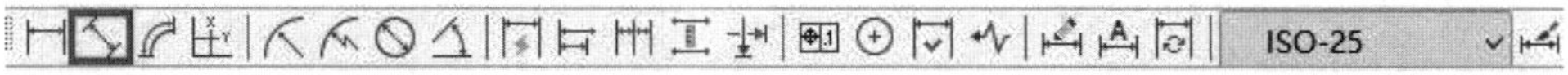

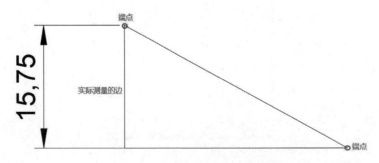

图 6.2.7　在"工具栏"选择"标注"中的"对齐"图标

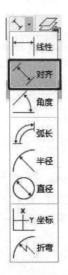

图 6.2.8　在"功能区"的"默认"选项中选择"注释"面板中的"对齐"图标

"对齐标注"与"线性标注"都是标注线段的，但是在使用过程中却有区别。对三角形的同样两个端点进行标注，"线性标注"后的图形，如图 6.2.9；而运用"对齐标注"的图形，如图 6.2.10。

图 6.2.9　"线性标注"测量的目标

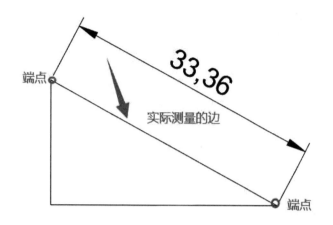

图 6.2.10　"对齐标注"测量的目标

6.2.4　角度标注

角度标注是用来标注内含角、夹角的标注方式。

运行方式：

1. 在"命令行"输入命令"DAN"。

2. 在"菜单栏"的"标注"下拉命令中选择"角度"，如图 6.2.11。

3. 在"工具栏"选择"标注"中的"角度"图标，如图 6.2.12。

4. 在"功能区"的"默认"选项中选择"注释"面板中的"角度"图标，如图 6.2.13。

图 6.2.11　在"菜单栏"的"标注"下拉命令中选择"角度"

图 6.2.12 在"工具栏"选择"标注"中的"角度"图标

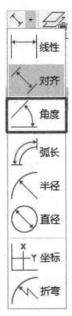

图 6.2.13 在"功能区"的"默认"选项中选择"注释"面板中的"角度"图标

在运行"角度标注"时，首先选择"角度"命令，然后分别选择需要被标注的两条线段，最后敲击"ENTER"确认。"角度标注"的显示数据与范围会根据鼠标所在位置标注角度，如图 6.2.14。在明确已经被标注的线段时，鼠标分别位于区域 1、2、3 时得到的角度。

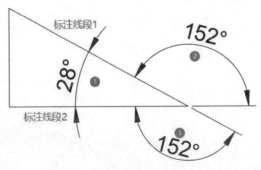

图 6.2.14 根据鼠标位置的变化得到的相同线段的不同角度值

6.2.5 弧长标注

弧长标注是用来测量弧长或多段线上的距离。

运行方式：

1. 在"命令行"输入命令"DAR"。

2. 在"菜单栏"的"标注"下拉命令中选择"弧长"，如图6.2.15。

图 6.2.15 在"菜单栏"的"标注"下拉命令中选择"弧长"

3. 在"工具栏"选择"标注"中的"弧长"图标，如图 6.2.16。

4. 在"功能区"的"默认"选项中选择"注释"面板中的"弧长"图标，如图 6.2.17。

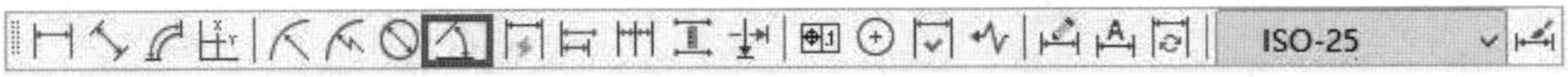

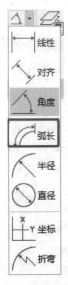

图 6.2.16 在"工具栏"选择"标注"中的"弧长"图标

图 6.2.17 在"功能区"的"默认"选项中选择"注释"面板中的"弧长"图标

在运行"弧长标注"时，首先选择"弧长标注"命令，选定要被标注的圆弧后可以直接拉出"弧长"数据。在执行阶段也可以选择命令"P"，可测量圆弧任意两点之间的弧长距离，如图 6.2.18。

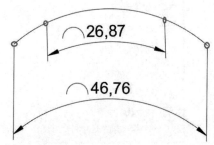

图 6.2.18 "弧长标注"分别标注的一条弧形和弧形上两点的距离

6.2.6　半径标注

半径标注是用来标注一个圆或者圆弧的半径数据。

运行方式：

1. 在"命令行"输入命令"DRA"。

2. 在"菜单栏"的"标注"下拉命令中选择"半径"，如图 6.2.19。

图 6.2.19　在"菜单栏"的"标注"下拉命令中选择"半径"

3.在"工具栏"选择"标注"中的"半径"图标，如图 6.2.20。

4.在"功能区"的"默认"选项中选择"注释"面板中的"半径"图标，如图 6.2.21。

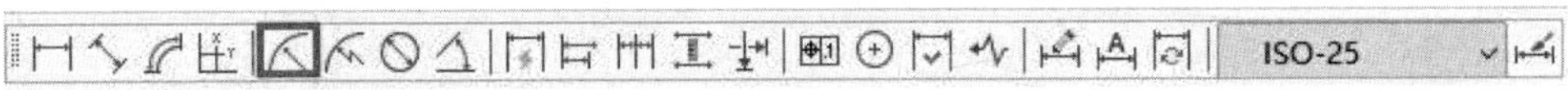

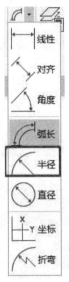

图 6.2.20　在"工具栏"选择"标注"中的"半径"图标

图 6.2.21　在"功能区"的"默认"选项中选择"注释"面板中的"半径"图标

运行"半径标注"时，可直接选择目标圆或者圆弧进行标注，标注的数值可以是在圆内也可以是在目标圆外，如图 6.2.22。

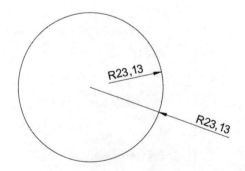

图 6.2.22　"半径"标注数值可以是在圆内也可以是圆外

6.2.7 直径标注

直径标注是用来标注一个圆或者圆弧的直径数据。

运行方式：

1. 在"命令行"输入命令"DDI"。

2. 在"菜单栏"的"标注"下拉命令中选择"直径"，如图 6.2.23。

图 6.2.23 在"菜单栏"的"标注"下拉命令中选择"直径"

3. 在"工具栏"选择"标注"中的"直径"图标，如图 6.2.24。

4. 在"功能区"的"默认"选项中选择"注释"面板中的"直径"图标，如图 6.2.25。

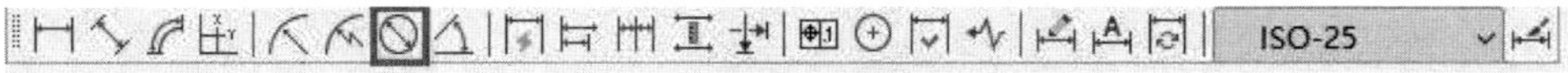

图 6.2.24 在"工具栏"选择"标注"中的"直径"图标

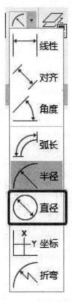

图 6.2.25 在"功能区"的"默认"选项中选择"注释"面板中的"直径"图标

6.2.8 连续标注

连续标注应用于需要标注同一系列的尺寸标注，每次连续标注的数据是根据前一个标注的属性来判定。

运行方式：

1. 在"命令行"输入命令"DCO"。

2. 在"菜单栏"的"标注"下拉命令中选择"连续"，如图 6.2.26。

3. 在"工具栏"选择"标注"中的"连续"图标，如图 6.2.27。

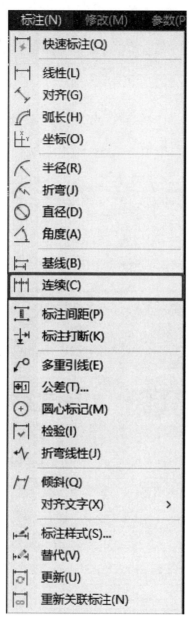

图 6.2.26 在"菜单栏"的"标注"下拉命令中选择"连续"

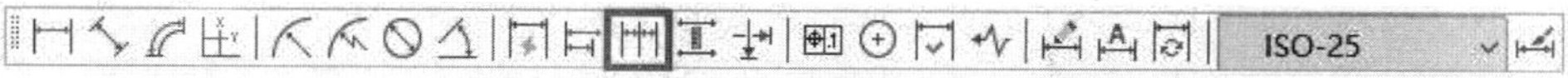

图 6.2.27 在"工具栏"选择"标注"中的"连续"图标．

在运行"连续"命令前，必须保证有一个已知的标注属性存在。如图 6.2.28，在第一段标注运用"对齐标注"后，运行"连续标注"可以按照"对齐标注"的属性继续标注。

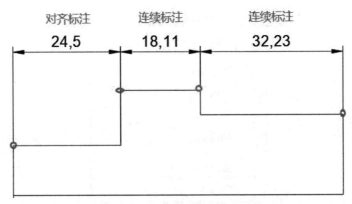

图 6.2.28　按照前一个"对齐标注"所产生的"连续标注"数值

6.3　引线标注

在 AutoCAD 2020 中除了尺寸标注，还可以添加引线标注，标注的形式可以是折线或者曲线，目的是给图形添加必要的说明、符号标注或者旁注，使信息变得更完整。

6.3.1　多重引线样式

多重引线样式可以自由定义标注优先级、引线颜色、样式等属性。

运行方式：

1. 在"命令行"输入命令"MLEADERSTYLE"。

2. 在"菜单栏"中选择"格式"下拉命令中的"多重引线样式"，如图 6.3.1。

3. 在"功能区"的"默认"选项中选择"注释"面板中的"多重引线样式"图标，如图 6.3.2。

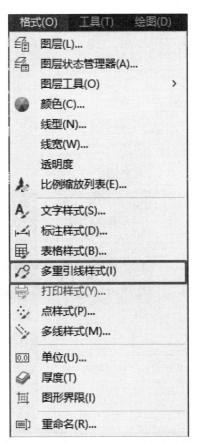

图 6.3.1 在"菜单栏"中选择"格式"下拉命令中的"多重引线样式"

图 6.3.2 在"功能区"的"默认"选项中选择"注释"面板中的"多重引线样式"图标

执行"多重引线样式"命令后，可以看到样式选项卡，如图 6.3.3。我们可以在此界面直观地看到进行多重引线标注后的效果。选择"修改"选项，可以得到如图 6.3.4 的界面。

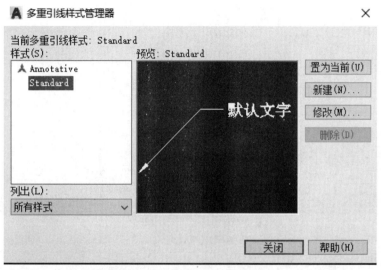

图 6.3.3 "多重引线样式"选项卡

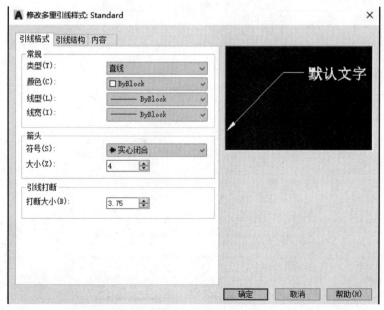

图 6.3.4 "多重样式"选下卡中"修改"命令下的"引线格式"选项栏

一、引线格式

在"引线格式"选项栏中，可以修改引线的类型、颜色、线性、线宽、打断距离属性，也可以修改箭头的样式与大小，所调节的属性会在右方的预览图中直接预览效果。

二、引线结构

在"引线结构"选项栏中，可以修改引线点数值、第一角度与第二角度值，基线设置和比例，如图6.3.5。

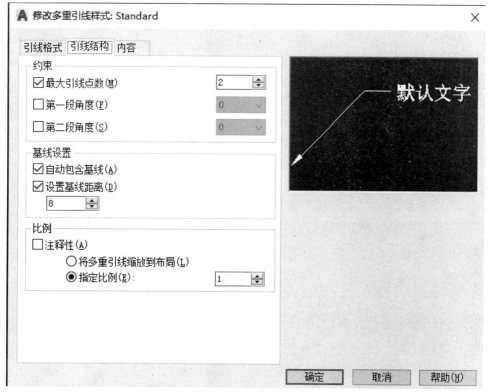

图6.3.5 "多重样式"选下卡中"修改"命令下的"引线结构"选项栏

三、内容

在"内容"选项卡中，不但可以修改文字内容的属性，包括文字的行数、样式、颜色、高度等数据，也可以修改引线链接的方式，如图6.3.6。

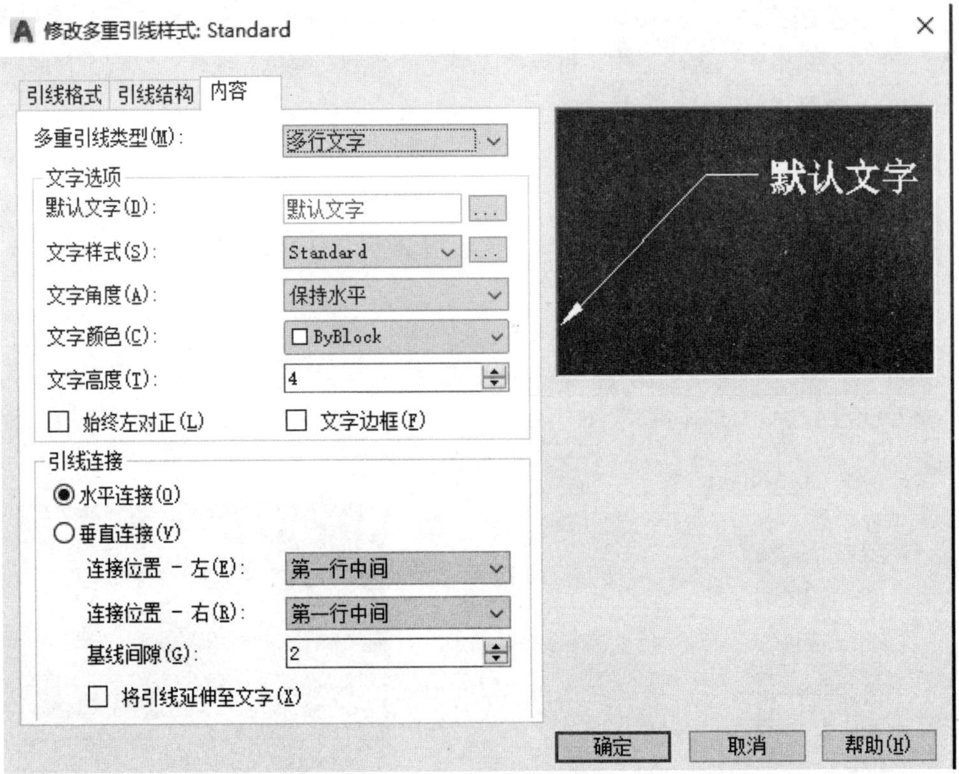

图 6.3.6 "多重样式"选下卡中"修改"命令下的"内容"选项栏

6.3.2 多重引线标注

在设定好多重引线样式属性后，就可以针对图形进行引线标注。

运行方式：

1. 在"命令行"输入命令"MLEADER"。

2. 在"菜单栏"中选择"标注"下拉命令中的"多重引线"，如图 6.3.7。

3. 在"工具栏"的"多重引线"工具中的"多重引线"图标，如图 6.3.8。

4. 在"功能区"的"默认"选项中选择"注释"面板中的"多重引线"图标，如图 6.3.9。

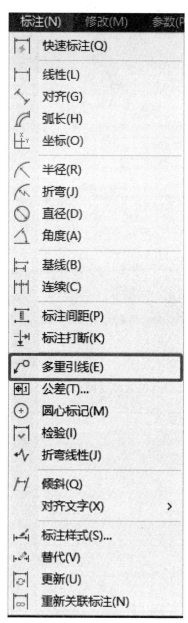

图 6.3.7 在"菜单栏"中选择"标注"下拉命令中的"多重引线"

图 6.3.8 在"工具栏"的"多重引线"工具中的"多重引线"图标

图 6.3.9 在"功能区"的"默认"选项中选择"注释"面板中的"多重引线"图标

6.3.3 快速引线标注

快速引线标注可以加快图形的标注速度，提升绘图效率。

运行方式：命令行输入"QLEADER"。

运行"快速引线标注"命令后，可以直接选择第一个引线点进行标注，然后设置引线的其他点标注，按照提示步骤进行宽度设置、边框设置等属性，最后输入文本完成。如果需要对快速引线标注进行设置，可以在选择第一引线点前运行"S"设置命令进行设置。

在界面选项中分别有注释（如图 6.3.10），引线和箭头（如图 6.3.11），附着选项卡（如图 6.3.12），根据需要进行引线设置即可。

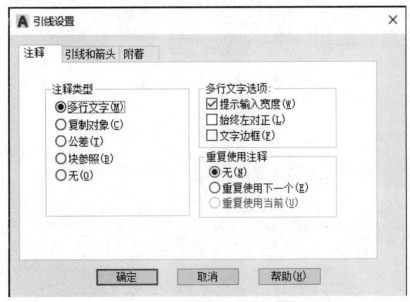

图 6.3.10 引线设置中的"注释"选项卡

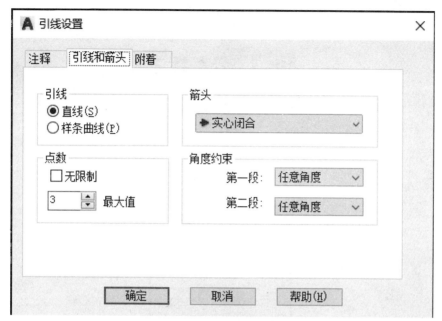

图 6.3.11 引线设置中的"引线和箭头"选项卡

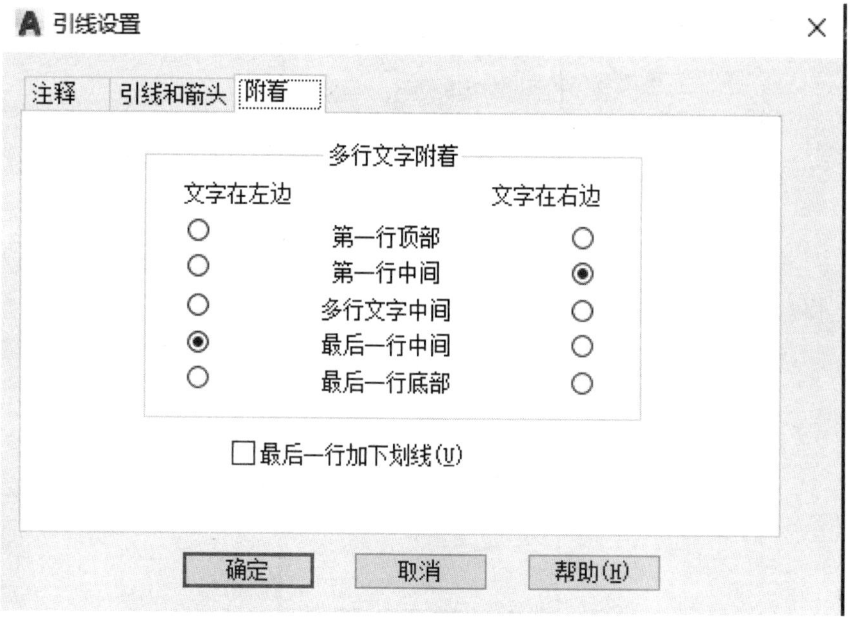

图 6.3.12 引线设置中的"附着"选项卡

6.4 公差标注

绘制机械类图纸时，尺寸往往会附带公差的范围设置。

运行方式：

1. 在"命令行"输入命令"TOL"。

2. 在"菜单栏"的"标注"下拉命令中选择"公差"，如图 6.4.1。

图 6.4.1 在"菜单栏"的"标注"下拉命令中选择"公差"

3. 在"工具栏"选择"标注"中的"公差"图标,如图 6.4.2。

4. 在"功能区"的"注释"面板中的"公差"图标,如图 6.4.3。

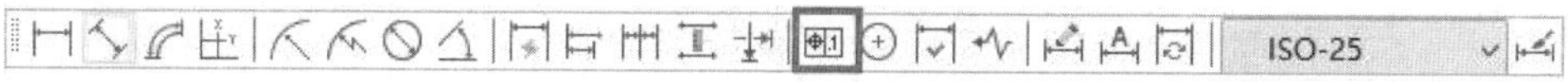

图 6.4.2 在"工具栏"选择"标注"中的"公差"图标

图 6.4.3 在"功能区"的"注释"面板中的"公差"图标

打开"公差"选项后,根据实际要求选择公差类型符号、公差值、基准、高度等属性,如图 6.4.4。

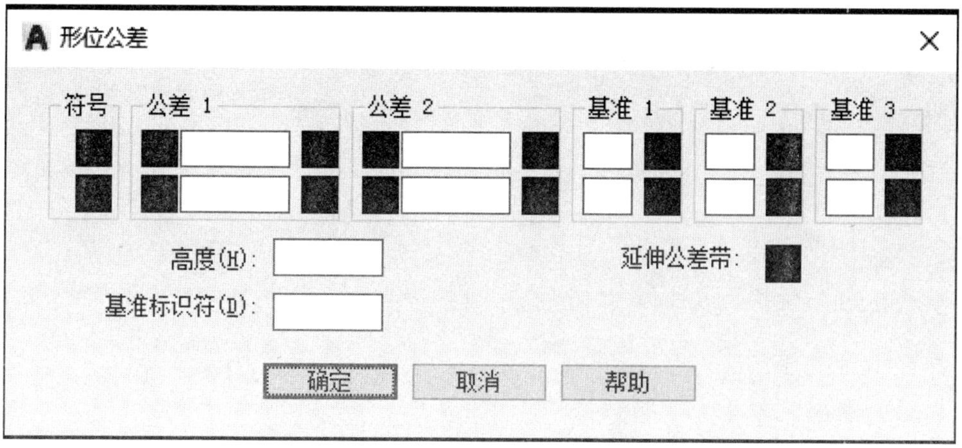

图 6.4.4 "形位公差"选项卡

如果对引线方面有设置要求,可以在选择第一个引线点前输入命令"QLEADER"后输入"S"键,根据需要修改引线设置,如图 6.4.5。

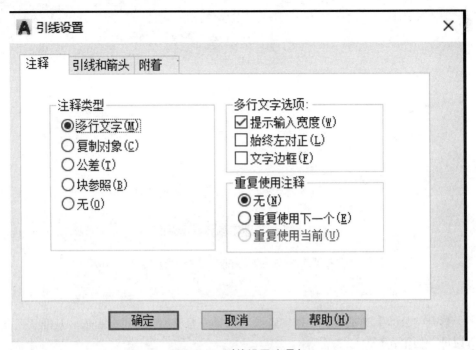

图 6.4.5 引线设置选项卡

第七章

图纸布局与输出

绘制的图纸最终是要被整理打印出来的，为了保证图纸的清晰度与完整度，需要在打印之前调整图纸的大小、布局、输出比例、颜色等属性。

7.1 图纸的调节

图纸的调节主要是调节图纸的位置与大小。

7.1.1 图纸的移动

根据整体的图纸布局需要对图纸进行移动设置。

运行方式：

1.在"命令行"输入命令"PAN"。

2.在"菜单栏"的"视图"下拉"平移"命令中选择"实时"，如图 7.1.1。

3.绘图区鼠标右键选择"平移"命令，如图 7.1.2

4.在"功能区"的"视图"面板中的"导航"命令中的"平移"图标，如图 7.1.3。

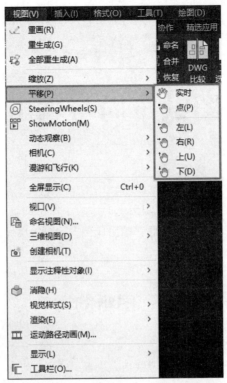

图 7.1.1 在"菜单栏"的"视图"下拉"平移"命令中选择"实时"

图 7.1.2 绘图区鼠标右键选择"平移"命令

图 7.1.3 在"功能区"的"视图"面板中的"导航"命令中的"平移"图标

7.1.2 图纸的缩放

缩放只是改变观看图纸时的大小，根据清晰度来调整图纸的视图比例，并不改变图纸本身的尺寸大小。

运行方式：

1. 在"命令行"输入命令"ZOOM"。

2. 在"菜单栏"的"视图"下拉"缩放"命令中选择"实时"，如图 7.1.4。

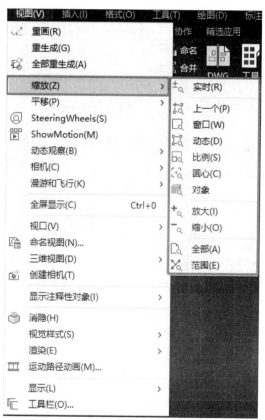

图 7.1.4 在"菜单栏"的"视图"下拉"缩放"命令中选择"实时"

3. 绘图区鼠标右键选择"缩放"命令，如图 7.1.5。

4. 在"功能区"的"视图"面板中的"导航"命令中的"缩放"图标，如图 7.1.6。

图 7.1.5 绘图区鼠标右键选择"缩放"命令

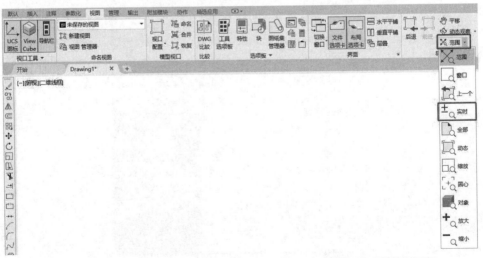

图 7.1.6 在"功能区"的"视图"面板中的"导航"命令中的"缩放"图标

7.1.3 视口

在 AutoCAD 2020 中，绘图区可以被划分为多个可视窗口，每个窗口都可以对图形进行编辑操作，相当于通过不用角度去观察和修改图形。

运行方式：

1. 在"命令行"输入命令"VPORTS"。

2. 在"菜单栏"的"视图"下拉命令"视口"中选择"新建视口"，如图 7.1.7。

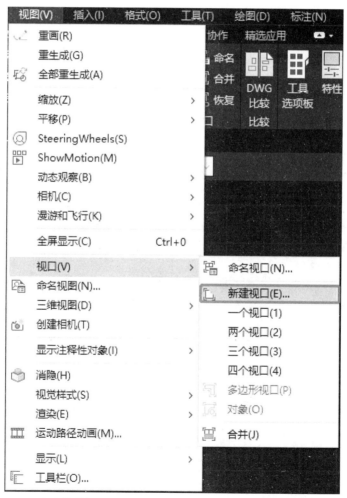

图 7.1.7 在"菜单栏"的"视图"下拉命令"视口"中选择"新建视口"

3. 在"工具栏"选择"视口"中的"显示视口"图标，如图 7.1.8。

4. 在"功能区"的"视口"面板中的"模型视口"的"视口配置"图标，如图 7.1.9。

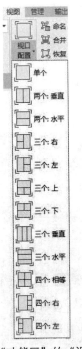

图 7.1.9 在"功能区"的"视口"面板中
的"模型视口"的"视口配置"图标

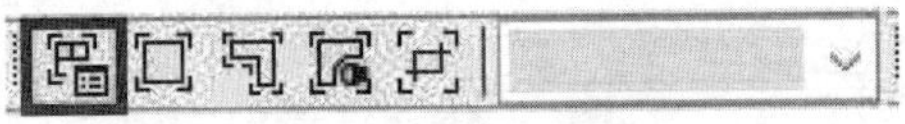

图 7.1.8 在"工具栏"选择"视口"
中的"显示视口"图标

在打开"视口配置"选项卡时，可以根据需要设置视口的数量。

打开"新建视口"选项卡时，也可以按照绘制需要，在选项卡中设置相对应的视图配置。

7.2 布局与图层

在 AutoCAD 2020 中，一张完整的图形是由多种对象叠加组成的，比如图形对象、标注对象、文字对象、结构对象等。设置图层是为了便于管理这些对象，当有需要进行调整的时候，可以在对应的图层进行调节。

7.2.1 设置图层参数

在创建图层的时候，需要设置图层的各种特性，用来搭配图层对应的对象要求。

运行方式：

1. 在"命令行"输入命令"LAYER"。

2. 在"菜单栏"的"格式"下拉命令中选择"图层"，如图 7.2.1。

3. 在"工具栏"选择"图层"中的"图层特性管理器"图标，如图 7.2.2。

4. 在"功能区"的"图层"面板中的"图层特性"，如图 7.2.3。

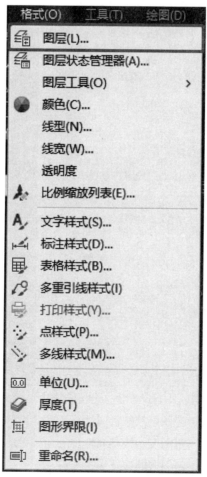

图 7.2.1 在"菜单栏"的"格式"下拉命令中选择"图层"

图 7.2.2 　在"工具栏"选择"图层"中的"图层特性管理器"图标

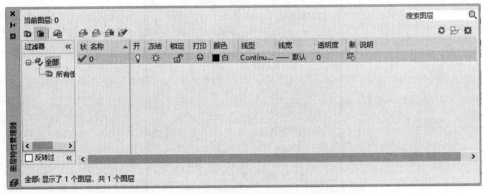

图 7.2.3 　在"功能区"的"图层"面板中的"图层特性"

打开后的图层设置面板，如图 7.2.4。

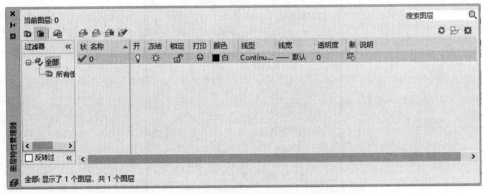

图 7.2.4 　"图层特性管理器"选项卡

"图层特性管理器"选项说明：

1. 开：管理图层打开 / 关闭状态，被隐藏的对象图层不可被编辑和打印。

2. 冻结：管理图层冻结 / 解冻状态，被冻结的对象图层不可被编辑，而且可以加速绘图速度。

3. 锁定：管理图层锁定 / 解锁状态，被锁定的图层会显示在绘图区，但是不可被编辑。

4. 打印：管理图层打印 / 不打印状态，设定该图层是否可以打印。

5. 颜色：显示和修改指定图层的颜色属性。

6. 线型：显示和修改指定图层的线型属性。

7. 线宽：显示和修改指定图层的线宽属性。

8. 透明度：修改指定图层的透明度。

7.2.2　设定图形参数

在 AutoCAD 2020 中，任何的图形都有大小、精度的设定，但软件的参数设定必须配合图形的实际应用数据进行设定。

运行方式：

1. 在"命令行"输入命令"UD"。

2. 在"菜单栏"的"格式"下拉命令中选择"单位"，如图 7.2.5。

打开"单位"选项后，可以根据实际制图需要进行设置，如图 7.2.6。

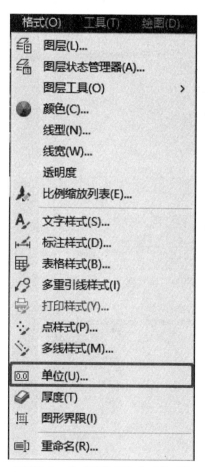

图 7.2.5　在"菜单栏"的"格式"
下拉命令中选择"单位"

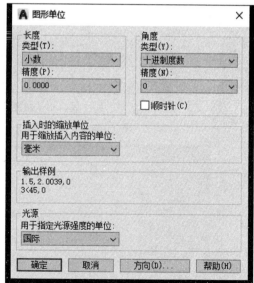

图 7.2.6　"图形单位"选项卡

7.2.3 创建布局

创建布局可以设定图纸的尺寸、方向、标题、视口等属性。

运行方式：

1. 在"命令行"输入命令"LAYOUTWIZARD"。

2. 在"菜单栏"的"插入"下拉命令"布局"中选择"创建布局向导"，如图 7.2.7。

创建后的布局样式，如图 7.2.8。

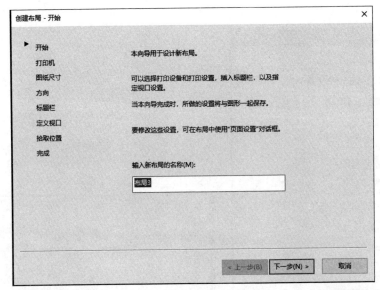

图 7.2.7 在"菜单栏"的"插入"下拉命令"布局"中选择"创建布局向导"

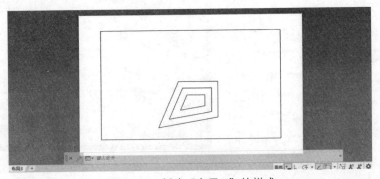

图 7.2.8 创建"布局 3"的样式

7.2.4 页面设置

页面设置是针对打印图纸前，对页面进行的外观属性的设置。

运行方式：

1. 在"命令行"输入命令"PAGESETUP"。

2. 在"菜单栏"的"文件"选择"页面设置管理器"，如图 7.2.9。

3. 在"功能区"的"输出"下拉命令中"打印"选项中的"页面设置管理器"图标，如图 7.2.10。

图 7.2.9 在"菜单栏"的"文件"选择"页面设置管理器"

图 7.2.10 在"功能区"的"输出"下拉命令中"打印"选项中的"页面设置管理器"图标

打开"页面设置管理器"选项卡，根据需要进行设定，如图 7.2.11。在"修改"选项中，可以对图纸尺寸、打印机属性进行修改，如图 7.2.12。

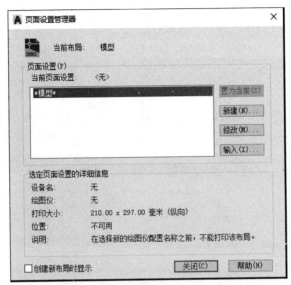

图 7.2.11　"页面设置管理器"选项卡

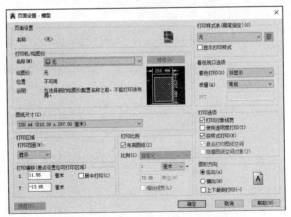

图 7.2.12　"页面设置"选项卡

7.2.5　图形输出

运行方式：

1.在"命令行"输入命令"PLOT"。

2. 在"菜单栏"的"文件"中选择"打印"，如图 7.2.13。

3. 在"工具栏"选择"打印"图标，如图 7.2.14。

4. 在"功能区"的"输出"面板中的"打印"图标，如图 7.2.15。

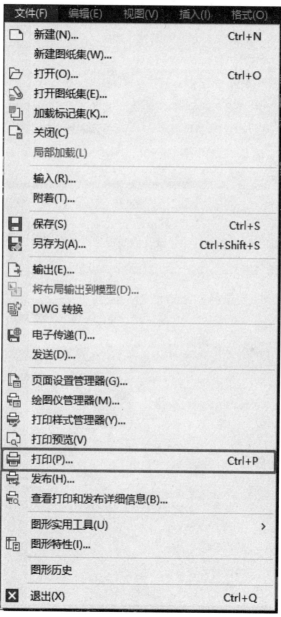

图 7.2.13　在"菜单栏"的"文件"中选择"打印"

图 7.2.14 在"工具栏"选择"打印"图标

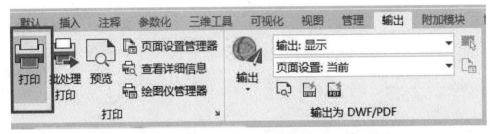

图 7.2.15 在"功能区"的"输出"面板中的"打印"图标

选择"打印"命令后,在"打印"设置界面根据需要对图形进行编辑,如图 7.2.16。

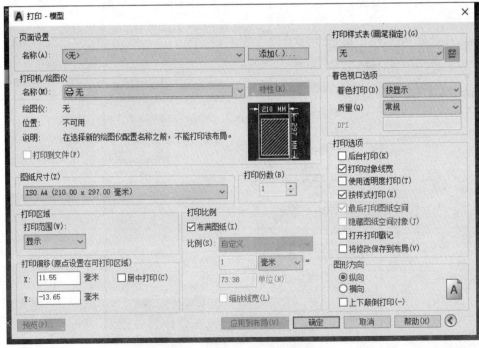

图 7.2.16 "打印"设置界面

第八章

三维绘图命令

在 AutoCAD 2020 中也可以进行三维绘图的编辑制作，本章将针对三维绘图需要用到的工具等进行详细介绍。

8.1 三维坐标系统基本设置

三维坐标系就是在二维坐标系的基础上增加"Z轴"来实现的。

8.1.1 设置坐标系

运行方式：

1.在"命令行"输入命令"UC"。

2.在"菜单栏"的"工具"下拉命令中选择"命名UCS(U)"，如图 8.1.1。

3.在"工具栏"的"UCS ‖"命令中的"命名 UCS"，如图 8.1.2。

4.在"功能区"的"视图"面板"坐标"命令中的"命名 UCS"图标，如图 8.1.3。

图 8.1.1 在"菜单栏"的"工具"下拉命令中选择"命名 UCS"

图 8.1.2 在"工具栏"的"UCS Ⅱ"命令中的"命名 UCS"

图 8.1.3 在"功能区"的"视图"面板"坐标"命令中的"命名 UCS"图标

在"UCS"选项中根据绘制需要进行"命名 UCS"设定，如图 8.1.4。

在"UCS"选项中根据绘制需要进行"正交 UCS"设定，如图 8.1.5。

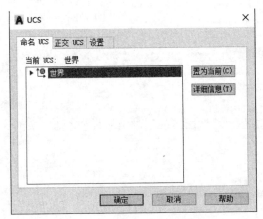

图 8.1.4 "命名 UCS"设定

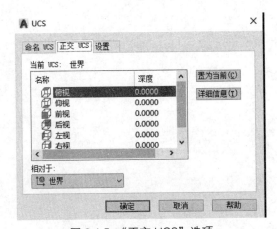

图 8.1.5 "正交 UCS"选项

在"UCS"选项中根据绘制需要进行"设置"设定，如图 8.1.6。

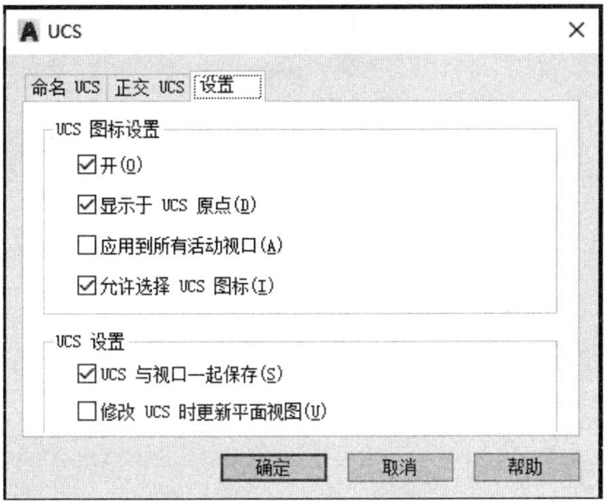

图 8.1.6 "UCS"设置界面

8.1.2 坐标系创建

在 AutoCAD 2020 中绘制三维图形时，可以随时重新创建和定向坐标系。

运行方式：

1. 在"命令行"输入命令"UCS"。

2. 在"菜单栏"的"工具"下拉命令中选择"新建 UCS"，如图 8.1.7。

3. 在"工具栏"的"UCS‖"命令中的"UCS"图标，如图 8.1.8。

4. 在"功能区"的"视图"面板"坐标"命令中的"新建 UCS"图标，如图 8.1.9。

图 8.1.7 在"菜单栏"的"工具"下拉命令中选择"新建 UCS"

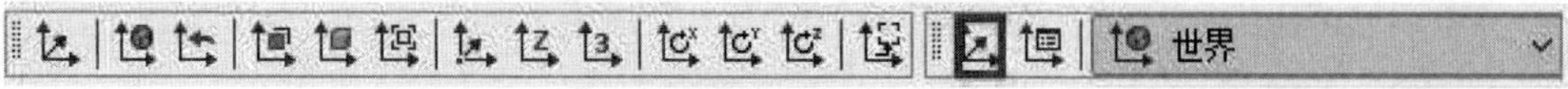

图 8.1.8 在"工具栏"的"UCS Ⅱ"命令中的"UCS"图标

图 8.1.9 在"功能区"的"视图"面板"坐标"命令中的"新建 UCS"图标

8.1.3 右手定则

在 AutoCAD 2020 中,"右手定则"是学习三维绘图的重要法则。

"右手定则"有两项规则:

1.确定 X、Y、Z 轴的位置关系。

将右手放置到桌面上,手背向下。拇指打开的方向即 X 轴正方向;食指打开方向即 Y 轴正方向;将中指垂直于手心打开的方向即 Z 轴正方向。

2.确定 X、Y、Z 轴的旋转方向。

将右手放置到桌面上,手背向下,右手大拇指指向轴的方向,弯曲手指后,手指的方向即轴的正旋转方向。

8.2 动态观察模式

动态观察分为三种模式,受约束的动态观察、自由动态观察、连续动态观察。动态观察可以利用三维动态观测器对图形进行实时监控,使绘制的图形更精准,提高绘制图形的效率。

8.2.1 受约束的动态观察

运行方式:

1.在"命令行"输入命令"3DO"。

2.在"菜单栏"的"视图"下拉命令中选择"动态观察",如图 8.2.1。

3. 在"工具栏"的"动态观察"命令中的"受约束的动态观察"图标，如图8.2.2。

4. 在"功能区"的"视图"面板"动态观察"命令中的"动态观察"图标，如图8.2.3。

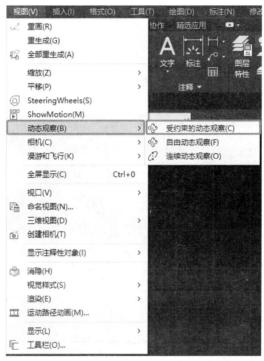

图 8.2.1 在"菜单栏"的"视图"下拉命令中选择"动态观察"

图 8.2.2 在"工具栏"的"动态观察"命令中的"受约束的动态观察"图标

图 8.2.3 在"功能区"的"视图"面板"动态观察"命令中的"动态观察"图标

在运行"受约束的动态观察"时，可以通过鼠标拖动来变更观察角度。

8.2.2 自由动态观察

运行方式：

1. 在"命令行"输入命令"3DFORBIT"。

2. 在"菜单栏"的"视图"下拉命令中选择"自由动态观察"，如图 8.2.4。

3. 在"工具栏"的"动态观察"命令中的"自由动态观察"图标，如图 8.2.5。

4. 在"功能区"的"视图"面板"动态观察"命令中的"自由动态观察"图标，如图 8.2.6。

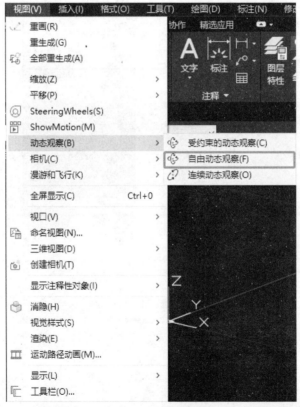

图 8.2.4 在"菜单栏"的"视图"下拉命令中选择"自由动态观察"

图 8.2.5 在"工具栏"的"动态观察"命令中的"自由动态观察"图标

图 8.2.6 在"功能区"的"视图"面板"动态观察"命令中的"自由动态观察"图标

运行"自由动态观察"时，绘图区会出现一个大圆上面分布着四个小圆的图示，如图 8.2.7。通过对五个圆不同位置的调整会有不同的调整效果，根据需要选择合适的调整方式进行绘制即可。

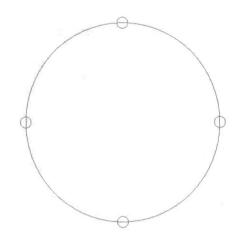

图 8.2.7 运行"自由动态观察"后绘图区多出的图示

8.2.3 连续动态观察

运行方式：

1. 在"命令行"输入命令"3DCORBIT"。

2. 在"菜单栏"的"视图"下拉命令中选择"连续动态观察"，如图 8.2.8。

3. 在"工具栏"的"动态观察"命令中的"连续动态观察"图标，如图 8.2.9。

4. 在"功能区"的"视图"面板"动态观察"命令中的"连续动态观察"图标，如图 8.2.10。

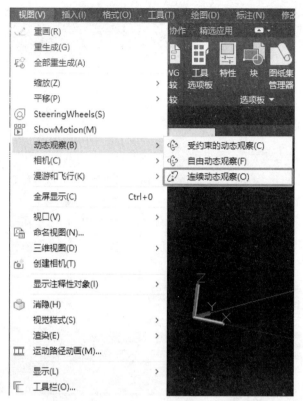

图 8.2.8 "菜单栏"的"视图"下拉命令中选择"连续动态观察"

图 8.2.9 在"工具栏"的"动态观察"命令中的"连续动态观察"图标

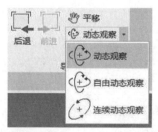

图 8.2.10 在"功能区"的"视图"面板"动态观察"命令中的"连续动态观察"图标

　　运行"连续动态观察"命令时，可直接用鼠标拖动观察方向，图形会按照鼠标拖动的方向进行旋转。

8.2.4 漫游

漫游提供了一种新的动态观察方式。

运行方式：

1. 在"命令行"输入命令"3DWALK"。

2. 在"菜单栏"的"视图"下拉命令中选择"漫游"，如图 8.2.11。

3. 在"工具栏"的"漫游与飞行"命令中的"漫游"图标，如图 8.2.12。

4. 在"功能区"的"可视化"面板"动画"命令中的"漫游"图标，如图 8.2.13。

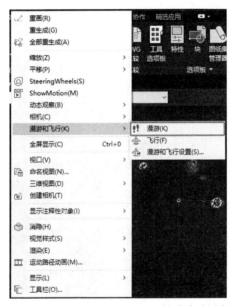

图 8.2.11 在"菜单栏"的"视图"下拉命令中选择"漫游"

图 8.2.12 在"工具栏"的"漫游与飞行"命令中的"漫游"图标

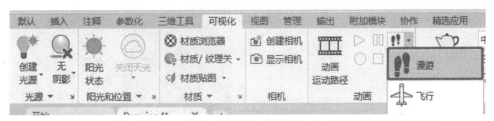

图 8.2.13 在"功能区"的"可视化"面板"动画"命令中的"漫游"图标

执行"漫游"命令时，会出现如图 8.2.14 的图示，根据需要调整漫游相机的视角。

8.2.5 飞行

创建"飞行"镜头，通过调节飞行视角进行不同角度的渲染出图任务。

运行方式：

1. 在"命令行"输入命令"3DFLY"。

2. 在"菜单栏"的"视图"下拉命令中选择"飞行"，如图 8.2.15。

3. 在"工具栏"的"漫游与飞行"命令中的"飞行"图标，如图 8.2.16。

4. 在"功能区"的"可视化"面板"动画"命令中的"飞行"图标，如图 8.2.17。

图 8.2.14 "漫游"选项卡

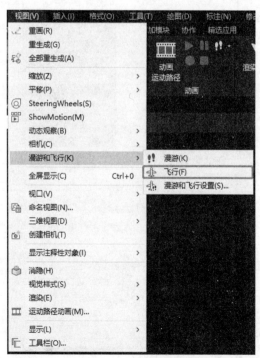

图 8.2.15 在"菜单栏"的"视图"下拉命令中选择"飞行"

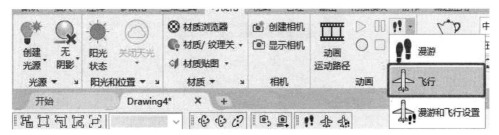

图 8.2.16 在"工具栏"的"漫游与飞行"命令中的"飞行"图标

图 8.2.17 在"功能区"的"可视化"面板"动画"命令中的"飞行"图标

执行"飞行"命令时，会出现如图 8.2.18 的图示，根据需要调整飞行相机的视角。

图 8.2.18 "飞行"选项卡

8.2.6 相机

根据实际的视角需要，调整相机的位置，可得到满意的视角图片。

运行方式：

1. 在"命令行"输入命令"CAMERA"。

2. 在"菜单栏"的"视图"下拉命令中选择"创建相机",如图 8.2.19。

3. 在"功能区"的"可视化"面板"相机"命令中的"创建相机"图标,如图 8.2.20。

图 8.2.19 在"菜单栏"的"视图"下拉命令中选择"创建相机"

图 8.2.20 在"功能区"的"可视化"面板"相机"命令中的"创建相机"图标

执行"创建相机"命令时,选择相机位置以及相机的视角位置,选定后可以在预览界面观看相机的拍摄角度信息,如图 8.2.21。

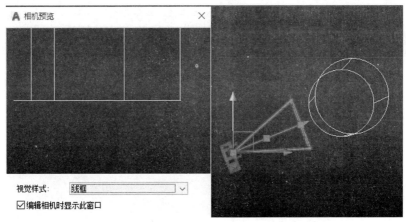

图 8.2.21 "创建相机"后的位置与视角的调整

8.3 基础三维图形绘制

在三维图形绘制当中，有一些基本的绘图元素，这些元素是组成三维图形的基础。

8.3.1 三维多段线绘制

运行方式：

1. 在"命令行"输入命令"3DPLOY"。

2. 在"菜单栏"的"绘图"下拉命令中选择"三维多段线"，如图 8.3.1。

3. 在"功能区"的"默认"面板命令中的"三维多段线"图标，如图 8.3.2。

绘制"三维多段线"的方式与"二维多段线"的方式类似，区别在于"三维多段线"的绘制空间为三维空间。

图 8.3.1 在"菜单栏"的"绘图"
下拉命令中选择"三维多段线"

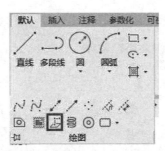

图 8.3.2　在"功能区"的"默认"面板命令中的"三维多段线"图标

8.3.2　三维面绘制

通过"三维面绘制"命令，绘制需要的基础三维面，再通过对三维面的细节调整即可完成制图的任务。

运行方式：

1. 在"命令行"输入命令"3F"。

2. 在"菜单栏"的"绘图"下拉命令"建模"中选择"网格"的拓展命令"三维面"，如图 8.3.3。

图 8.3.3　在"菜单栏"的"绘图"下拉命令"建模"中选择"网格"的拓展命令"三维面"

8.3.3 网格圆锥体绘制

通过"网格圆锥体绘制"命令，绘制需要的基础网格圆锥体模型。

运行方式：

1. 在"命令行"输入命令"MESH"。

2. 在"菜单栏"的"绘图"下拉命令"建模"中选择"网格"拓展命令中"图元"中的"圆锥体"，如图 8.3.4。

3. 在"工具栏"的"平滑网格图元"中的"网格圆锥体"图标，如图 8.3.5。

4. 在"功能区"的"三维工具"面板命令"建模"中的"网格圆锥体"图标，如图 8.3.6。

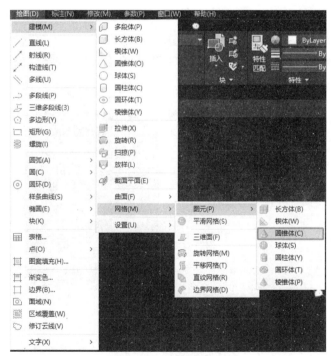

图 8.3.4 在"菜单栏"的"绘图"下拉命令"建模"中
选择"网格"拓展命令中"图元"中的"圆锥体"

图 8.3.5 在"工具栏"的"平滑网格图元"中的"网格圆锥体"图标

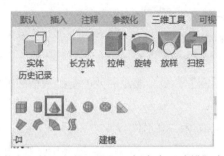

图 8.3.6 在"功能区"的"三维工具"面板命令"建模"中的"网络圆锥体"

8.3.4 网格长方体绘制

通过"网格长方体绘制"命令，可绘制需要的基础网格长方体模型。

运行方式：

1. 在"命令行"输入命令"MESH"。

2. 在"菜单栏"的"绘图"下拉命令"建模"中选择"网格"拓展命令中"图元"中的"长方体"，如图 8.3.7。

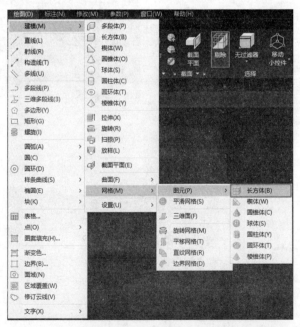

图 8.3.7 在"菜单栏"的"绘图"下拉命令"建模"中
选择"网格"拓展命令中"图元"中的"长方体"

3. 在"工具栏"的"平滑网格图元"中的"网格长方体"图标，如图 8.3.8。

4. 在"功能区"的"三维工具"面板命令"建模"中的"网格长方体"图标，如图 8.3.9。

图 8.3.8 在"工具栏"的"平滑网格图元"中的"长方体"图标

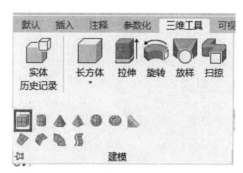

图 8.3.9 在"功能区"的"三维工具"面板命令"建模"中的"网格长方体"图标

8.3.5 网格圆柱体绘制

运行方式：

1. 在"命令行"输入命令"MESH"。

2. 在"菜单栏"的"绘图"下拉命令"建模"中选择"网格"拓展命令中"图元"中的"圆柱体"，如图 8.3.10。

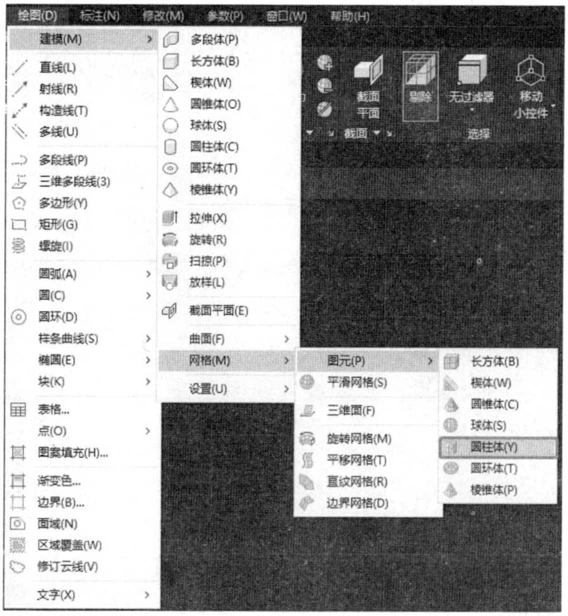

图 8.3.10 在"菜单栏"的"绘图"下拉命令"建模"中选择"网格"拓展命令中"图元"中的"圆柱体"

3. 在"工具栏"的"平滑网格图元"中的"网格圆柱体"图标，如图 8.3.11。

4. 在"功能区"的"三维工具"面板命令"建模"中的"网格圆柱体"图标，如图 8.3.12。

图 8.3.11 在"工具栏"的"平滑网格图元"中的"圆柱体"图标

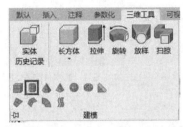

图 8.3.12 在"功能区"的"三维工具"面板命令"建模"中的"网格圆柱体"图标

8.3.6 网格凌锥体绘制

运行方式：

1. 在"命令行"输入命令"MESH"。

2. 在"菜单栏"的"绘图"下拉命令"建模"中选择"网格"拓展命令中"图元"中的"凌锥体"，如图 8.3.13。

3. 在"工具栏"的"平滑网格图元"中的"网格凌锥体"图标，如图 8.3.14。

4. 在"功能区"的"三维工具"面板命令"建模"中的"网格凌锥体"图标，如图 8.3.15。

图 8.3.13 在"菜单栏"的"绘图"下拉命令"建模"中选择"网格"拓展命令中"图元"中的"凌锥体"

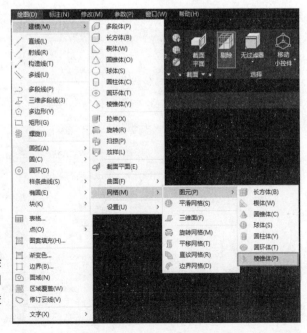

图 8.3.14 在"工具栏"的"平滑网格图元"中的"网格凌锥体"图标

图 8.3.15 在"功能区"的"三维工具"面板命令"建模"中的"网格凌锥体"图标

8.3.7 网格球体绘制

网格球体是基础的三维圆形的绘制，通过对球体的重新设计可进一步完善绘图要求。

运行方式：

1. 在"命令行"输入命令"MESH"。

2. 在"菜单栏"的"绘图"下拉命令"建模"中选择"网格"拓展命令中"图元"中的"球体"，如图 8.3.16。

3. 在"工具栏"的"平滑网格图元"中的"网格球体"图标，如图 8.3.17。

4. 在"功能区"的"三维工具"面板命令"建模"中的"网格球体"图标，如图 8.3.18。

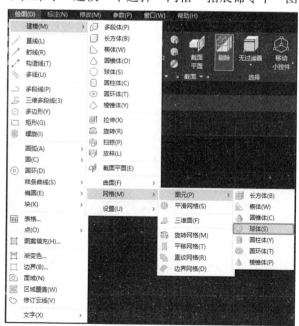

图 8.3.16 在"菜单栏"的"绘图"下拉命令"建模"中选择"网格"拓展命令中"图元"中的"球体"

图 8.3.17　在"工具栏"的"平滑网格图元"中的"网格球体"图标

图 8.3.18　在"功能区"的"三维工具"面板命令"建模"中的"网格球体"图标

8.3.8　网格楔体绘制

运行方式：

1. 在"命令行"输入命令"MESH"。

2. 在"菜单栏"的"绘图"下拉命令"建模"中选择"网格"拓展命令中"图元"中的"楔体"，如图 8.3.19。

3. 在"工具栏"的"平滑网格图元"中的"网格楔体"图标，如图 8.3.20。

4. 在"功能区"的"三维工具"面板命令"建模"中的"网格楔体"图标，如图 8.3.21。

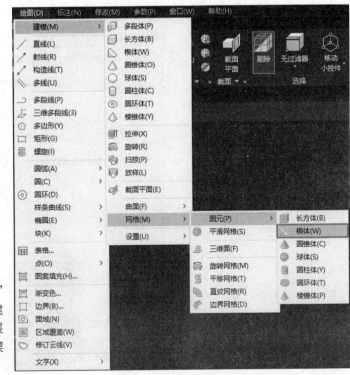

图 8.3.19　在"菜单栏"的"绘图"下拉命令"建模"中选择"网格"拓展命令中"图元"中的"楔体"

图 8.3.20 在"工具栏"的"平滑网格图元"中的"网格楔体"图标

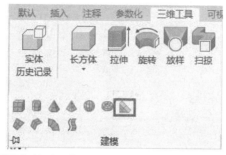

图 8.3.21 在"功能区"的"三维工具"面板命令"建模"中的"网格楔体"图标

8.3.9 网格圆环体绘制

运行方式：

1. 在"命令行"输入命令"MESH"。

2. 在"菜单栏"的"绘图"下拉命令"建模"中选择"网格"拓展命令中"图元"中的"圆环体"，如图 8.3.22。

3. 在"工具栏"的"平滑网格图元"中的"网格圆环体"图标，如图 8.3.23。

4. 在"功能区"的"三维工具"面板命令"建模"中的"网格圆环体"图标，如图 8.3.24。

图 8.3.22 在"菜单栏"的"绘图"下拉命令"建模"中选择"网格"拓展命令中"图元"中的"圆环体"

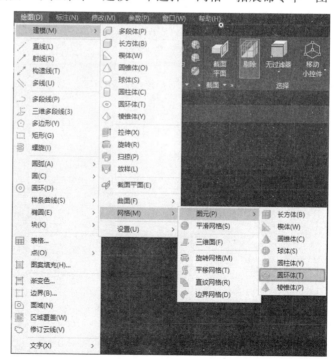

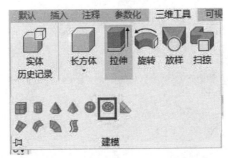
图 8.3.23　在"工具栏"的"平滑网格图元"中的"网格圆环体"图标

图 8.3.24　在"功能区"的"三维工具"面板命令"建模"中的"网格圆环体"图标

8.4 二维网格生成三维网格

在 AutoCAD 2020 中，提供了通过二维网格生成三维网格的功能。

8.4.1 直纹网格

直纹网格用于构建两条线段之间的网格。

运行方式：

1. 在"命令行"输入命令"RULESURF"。

2. 在"菜单栏"的"绘图"下拉命令"建模"中的"网格"拓展命令"直纹网格"图标，如图 8.4.1。

3. 在"功能区"的"三维工具"面板命令"建模"中的"直纹网格"图标，如图 8.4.2。

分别创建两条直线线段，执行"直纹网格"命令，依次选择两条直线，得到如图 8.4.3 的网格。

8.4.2 平移网格

平移网格用于将对象沿着指定的矢量拉伸所创建的网格。

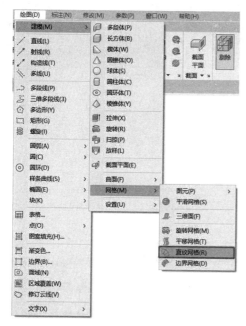

图 8.4.1 在"菜单栏"的"绘图"下拉命令
"建模"中的"网格"拓展命令"直纹网格"

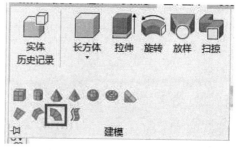

图 8.4.2 在"功能区"的"默认"
面板命令中的"三维多段线"图标

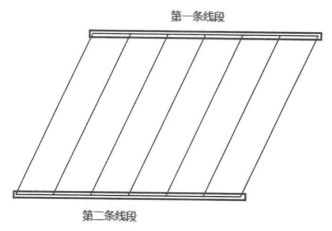

图 8.4.3 通过'"直纹网格"得到的图形

运行方式：

1. 在"命令行"输入命令"TABSURF"。

2. 在"菜单栏"的"绘图"下拉命令"建模"中的"网格"拓展命令"平移网

格"图标，如图 8.4.4。

3. 在"功能区"的"三维工具"面板命令"建模"中的"平移曲面"图标，如图 8.4.5。

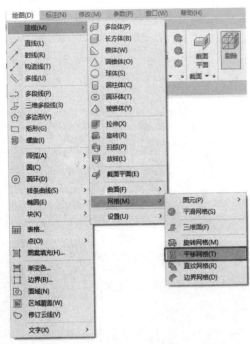

图 8.4.4　在"菜单栏"的"绘图"下拉命令
"建模"中的"网格"拓展命令"平移网格"

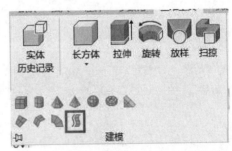

图 8.4.5　在"功能区"的"三维工具"
面板命令"建模"中的"平移曲面"图标

如图 8.4.6，在绘图区创建矩形和一条矢量直线，执行"平移网格"命令，依次选择矩形图形与直线，得到如图 8.4.7 的网格。

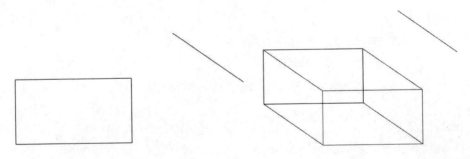

图 8.4.6　在绘图区创建矩形和一条矢量直线　图 8.4.7　执行"平移网格"命令后得到的图形

8.4.3 边界网格

边界网格用于创建 4 条闭合直线或曲线组成的图形网格。

运行方式：

1. 在"命令行"输入命令"EDGESURF"。

2. 在"菜单栏"的"绘图"下拉命令"建模"中的"网格"拓展命令"边界网格"图标，如图 8.4.8。

3. 在"功能区"的"三维工具"面板命令"建模"中的"边界曲面"图标，如图 8.4.9。

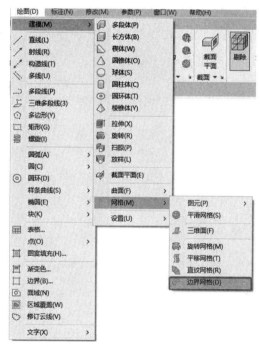

图 8.4.8 在"菜单栏"的"绘图"下拉命令 "建模"中的"网格"拓展命令"边界网格"

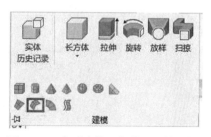

图 8.4.9 在"功能区"的"三维工具" 面板命令"建模"中的"边界曲面"图标

在绘图区绘制如图 8.4.10 图形，执行"边界网格"命令，分别选择 4 条相连的线段，得到如图 8.4.11 图形。

图 8.4.10 在绘图区绘制原图形   图 8.4.11 对原图执行"边界网格"
                                                后得到的图形

8.4.4 旋转网格

旋转网格用于将曲线按照矢量线段旋转得到的图形。

运行方式；

1. 在"命令行"输入命令"REVSURF"。

2. 在"菜单栏"的"绘图"下拉命令"建模"中的"网格"拓展命令"旋转网格"图标，如图 8.4.12。

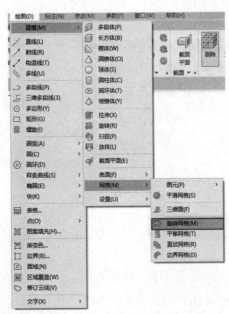

图 8.4.12 在"菜单栏"的"绘图"下拉命令"建模"中的"网格"拓展命令"旋转网格"

如图 8.4.13，在绘图区分别绘制两条线段，执行"旋转网格"命令，让曲线按照直线矢量旋转，选择旋转始末度数后，得到如图 8.4.14 的帽子图形。

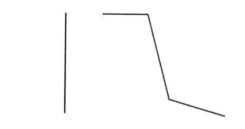

图 8.4.13　在绘图区绘制的两条线段

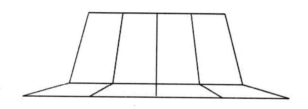

图 8.4.14　执行"旋转网格"命令后得到的图形

8.5　优化表格属性

AutoCAD 2020 中可以对网格进行优化处理，包括优化平滑度、锐化、网格优化等。

8.5.1　优化平滑度

可以通过"优化平滑度"命令，将图形进行优化，按照设计要求完成绘图工作。

运行方式：

1. 在"命令行"输入命令"MESHSMOOTHMORE"。

2. 在"菜单栏"的"修改"下拉命令"网格编辑"中的"提高平滑度"或"降低平滑度"，如图 8.5.1。

3. 在"功能区"的"三维工具"面板命令"网络"中的"提高平滑度"或者"降低平滑度"图标，如图 8.5.2。

4. 在"工具栏"的"平滑网络"工具栏中选择"提高网格平滑度"或者"降低网格平滑度"图标，如图 8.5.3。

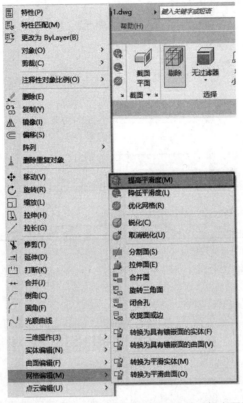

图 8.5.1　在"菜单栏"的"修改"下拉命令"网格编辑"中的"提高平滑度"或"降低平滑度"

图 8.5.2　在"功能区"的"三维工具"面板命令"网络"中的
"提高平滑度"或者"降低平滑度"图标

图 8.5.3　在"工具栏"的"平滑网络"工具栏中选择"提高网格平滑度"
或者"降低网格平滑度"图标

8.5.2　锐化

锐化命令可以提高图形局部的尖锐度。

运行方式：

1. 在"命令行"输入命令"MESHCREASE"。

2. 在"菜单栏"的"修改"下拉命令"网格编辑"中的"锐化"或"取消锐化"，如图8.5.4。

3. 在"工具栏"的"平滑网格"工具栏中选择"锐化"或"取消锐化"图标，如图8.5.5。

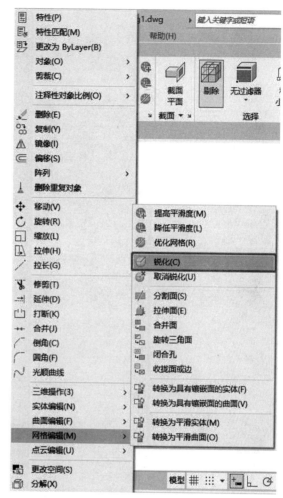

图 8.5.4　在"菜单栏"的"修改"下拉命令"网格编辑"中的"锐化"或"取消锐化"

图 8.5.5　在"工具栏"的"平滑网格"工具栏中选择"锐化"或"取消锐化"图标

8.5.3　优化网格

优化网格可以增加原网格的网格数量，可以更准确调整网格细节。

运行方式：

1. 在"命令行"输入命令"MESHREFINE"。

2. 在"菜单栏"的"修改"下拉命令"网格编辑"中的"优化网格"，如图 8.5.6。

3. 在"功能区"的"三维工具"面板命令"网络"中的"优化网格"图标，如图 8.5.7。

4. 在"工具栏"的"平滑网络"工具栏中选择"优化网格"图标，如图 8.5.8。

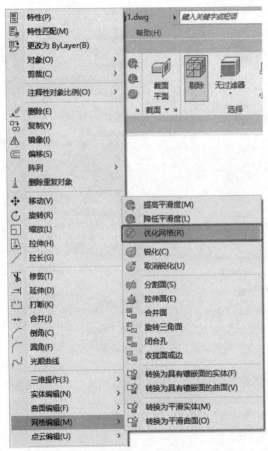

图 8.5.6　在"菜单栏"的"修改"下拉命令
"网格编辑"中的"优化网格"

图 8.5.7　在"功能区"的"三维
工具"面板命令"网络"中的
"优化网格"图标

图 8.5.8　在"工具栏"的"平滑网络"
工具栏中选择"优化网格"图标

第九章

三维模型编辑

三维模型编辑中涉及到对模型面的编辑和模型边的编辑。

9.1 三维模型面的编辑

模型面的编辑当中，包括对模型面的拉伸、移动、删除、偏移、旋转、倾斜、着色和复制。

9.1.1 拉伸面

可以通过"拉伸面"命令，对三维模型不同角度的面进行拉伸来改变其形状。

运行方式：

1. 在"命令行"输入命令"SOLIDEDIT"。

2. 在"菜单栏"的"修改"下拉命令"实体编辑"中的"拉伸面"，如图9.1.1。

3. 在"功能区"的"三维工具"面板命令"实体编辑"中的"拉伸面"图标，如图9.1.2。

4. 在"工具栏"的"实体编辑"工具栏中选择"拉伸面"图标，如图9.1.3。

9.1.2 移动面

通过"移动面"命令，可以对模型多个面同时执行位移。

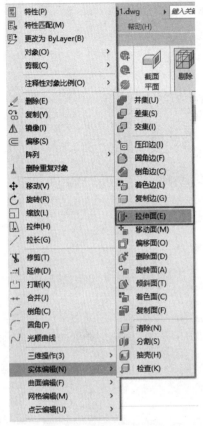

图 9.1.1　在"菜单栏"的"修改"下 拉命令"实体编辑"中的"拉伸面"

图 9.1.2　在"功能区"的"三维工具"面 板命令"实体编辑"中的"拉伸面"图标

图 9.1.3　在"工具栏"的"实体编辑"工具栏中选择"拉伸面"图标

运行方式：

1. 在"命令行"输入命令"SOLIDEDIT"。

2. 在"菜单栏"的"修改"下拉命令"实体编辑"中的"移动面"，如图 9.1.4。

3. 在"功能区"的"三维工具"面板命令"实体编辑"中的"移动面"图标，如图 9.1.5。

4. 在"工具栏"的"实体编辑"工具栏中选择"移动面"图标，如图 9.1.6。

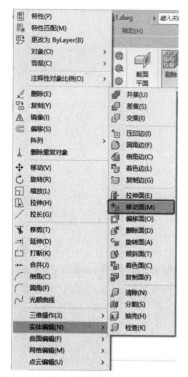

图 9.1.4 在"菜单栏"的"修改"下
拉命令"实体编辑"中的"移动面"

图 9.1.5 在"功能区"的"三维工具"面
板命令"实体编辑"中的"移动面"图标

图 9.1.6 在"工具栏"的"实体编辑"工具栏中选择"移动面"图标

9.1.3 偏移面

与二维命令中的偏移相似,通过"偏移面"命令,可将模型以指定的距离或者点进行偏移。

运行方式:

1. 在"命令行"输入命令"SOLIDEDIT"。

2. 在"菜单栏"的"修改"下拉命令"实体编辑"中的"偏移面",如图 9.1.7。

3. 在"功能区"的"三维工具"面板命令"实体编辑"中的"偏移面"图标,如图 9.1.8。

4. 在"工具栏"的"实体编辑"工具栏中选择"偏移面"图标,如图 9.1.9。

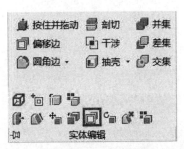

图 9.1.7　在"菜单栏"的"修改"下　　图 9.1.8　在"功能区"的"三维工具"面
拉命令"实体编辑"中的"偏移面"　　板命令"实体编辑"中的"偏移面"图标

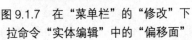

图 9.1.9　在"工具栏"的"实体编辑"工具栏中选择"偏移面"图标

9.1.4　删除面

通过"删除面"命令，可以对多余的图形或者线段进行删除操作。

运行方式：

1. 在"命令行"输入命令"SOLIDEDIT"。

2. 在"菜单栏"的"修改"下拉命令"实体编辑"中的"删除面"，如图 9.1.10。

3. 在"功能区"的"三维工具"面板命令"实体编辑"中的"删除面"图标，
如图 9.1.11。

4. 在"工具栏"的"实体编辑"工具栏中选择"删除面"图标，如图 9.1.12。

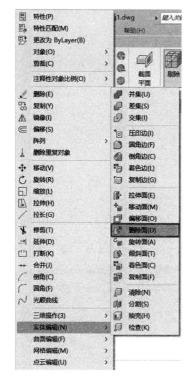

图 9.1.10 在"菜单栏"的"修改"下
拉命令"实体编辑"中的"删除面"

图 9.1.11 在"功能区"的"三维工具"面
板命令"实体编辑"中的"删除面"图标

图 9.1.12 在"工具栏"的"实体编辑"工具栏中选择"删除面"图标

9.1.5 旋转面

通过"旋转面"命令，可以将指定对象进行旋转来改变模型形状。

运行方式：

1. 在"命令行"输入命令"SOLIDEDIT"。

2. 在"菜单栏"的"修改"下拉命令"实体编辑"中的"旋转面"，如图 9.1.13。

3. 在"功能区"的"三维工具"面板命令"实体编辑"中的"旋转面"图标，如图 9.1.14。

4. 在"工具栏"的"实体编辑"工具栏中选择"旋转面"图标，如图 9.1.15。

图 9.1.13　在"菜单栏"的"修改"下　图 9.1.14　在"功能区"的"三维工具"面
拉命令"实体编辑"中的"旋转面"　　板命令"实体编辑"中的"旋转面"图标

图 9.1.15　在"工具栏"的"实体编辑"工具栏中选择"旋转面"图标

9.1.6　倾斜面

通过"倾斜面"命令，可以将指定对象进行倾斜来改变模型位置信息。

运行方式：

1. 在"命令行"输入命令"SOLIDEDIT"。

2. 在"菜单栏"的"修改"下拉命令"实体编辑"中的"倾斜面"，如图 9.1.16。

3. 在"功能区"的"三维工具"面板命令"实体编辑"中的"倾斜面"图标，如图 9.1.17。

4. 在"工具栏"的"实体编辑"工具栏中选择"倾斜面"图标，如图 9.1.18。

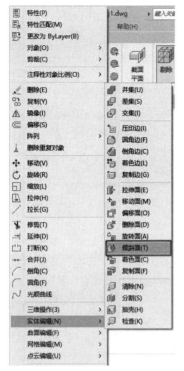

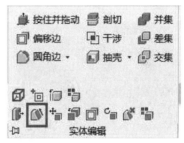

图 9.1.16 在"菜单栏"的"修改"下
拉命令"实体编辑"中的"倾斜面"

图 9.1.17 在"功能区"的"三维工具"面
板命令"实体编辑"中的"倾斜面"图标

图 9.1.18 在"工具栏"的"实体编辑"工具栏中选择"倾斜面"图标

9.1.7 复制面

通过"复制面"命令，可以将指定对象进行数量上的复制来达到绘制的需求。

运行方式：

1. 在"命令行"输入命令"SOLIDEDIT"。

2. 在"菜单栏"的"修改"下拉命令"实体编辑"中的"复制面"，如图 9.1.19。

3. 在"功能区"的"三维工具"面板命令"实体编辑"中的"复制面"图标，如图 9.1.20。

4. 在"工具栏"的"实体编辑"工具栏中选择"复制面"图标，如图 9.1.21。

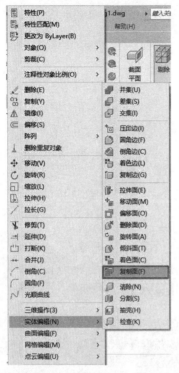

图 9.1.19 在"菜单栏"的"修改"下 图 9.1.20 在"功能区"的"三维工具"下
拉命令"实体编辑"中的"复制面" 拉命令"实体编辑"中的"复制面"

图 9.1.21 在工具栏"的""实体编辑"中的"复制面"图标

9.1.8 着色面

可以通过"着色面"命令，对不同的面进行颜色标注，方便区分以及编辑。

运行方式：

1. 在"命令行"输入命令"SOLIDEDIT"。

2. 在"菜单栏"的"修改"下拉命令"实体编辑"中的"着色面"，如图 9.1.22。

3. 在"功能区"的"三维工具"面板命令"实体编辑"中的"着色面"图标，如图 9.1.23。

4. 在"工具栏"的"实体编辑"工具栏中选择"着色面"图标，如图 9.1.24。

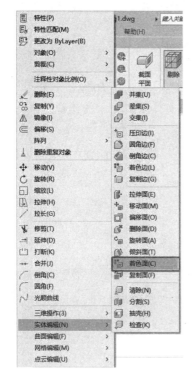

图 9.1.22 在"菜单栏"的"修改"下
拉命令"实体编辑"中的"着色面"

图 9.1.23 在"功能区"的"三维工具"面
板命令"实体编辑"中的"着色面"图标

图 9.1.24 在"工具栏"的"实体编辑"工具栏中选择"着色面"图标

9.2 三维模型边的编辑

在 AutoCAD 2020 中，除了可以对模型面编辑，还可以针对模型边进行编辑操作。

9.2.1 着色边

通过"着色边"命令，可以对模型的各条边进行着色处理，使目标模型变得更加立体，便于编辑。

运行方式：

1. 在"命令行"输入命令"SOLIDEDIT"。

2. 在"菜单栏"的"修改"下拉命令"实体编辑"中的"着色边"，如图 9.2.1。

3. 在"功能区"的"三维工具"面板命令"实体编辑"中的"着色边"图标，如图 9.2.2。

4. 在"工具栏"的"实体编辑"工具栏中选择"着色边"图标，如图 9.2.3。

图 9.2.1 在"菜单栏"的"修改"下拉命令"实体编辑"中的"着色边"

图 9.2.2 在"功能区"的"三维工具"面板命令"实体编辑"中的"着色边"图标

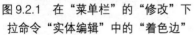

图 9.2.3 在"工具栏"的"实体编辑"工具栏中选择"着色边"图标

在执行"着色边"命令后，可以针对模型的某条边进行着色处理，如图 9.2.4。

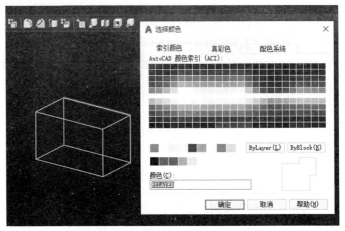

图 9.2.4 "着色边"颜色编辑器

9.2.2 复制边

通过"复制边"命令，可以将模型上的任意边复制。复制的边可以作为参考边也可以作为实际用作边使用。

运行方式：

1.在"命令行"输入命令"SOLIDEDIT"。

2.在"菜单栏"的"修改"下拉命令"实体编辑"中的"复制边"，如图 9.2.5。

3.在"功能区"的"三维工具"面板命令"实体编辑"中的"复制边"图标，如图 9.2.6。

4.在"工具栏"的"实体编辑"工具栏中选择"复制边"图标，如图 9.2.7。

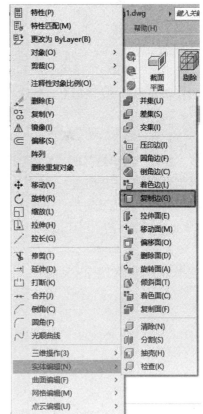

图 9.2.5 在"菜单栏"的"修改"下拉命令"实体编辑"中的"复制边"

图 9.2.6 在"功能区"的"三维工具"面板命令"实体编辑"中的"复制边"图标

图 9.2.7 在"工具栏"的"实体编辑"工具栏中选择"复制边"图标

9.2.3 压印边

通过"压印边"命令，可以将一个目标图形压印到另外一个图形上。

运行方式：

1. 在"命令行"输入命令"SOLIDEDIT"。

2. 在"菜单栏"的"修改"下拉命令"实体编辑"中的"压印边"，如图 9.2.8。

3. 在"功能区"的"三维工具"面板命令"实体编辑"中的"压印边"图标，如图 9.2.9。

4. 在"工具栏"的"实体编辑"工具栏中选择"压印边"图标，如图 9.2.10。

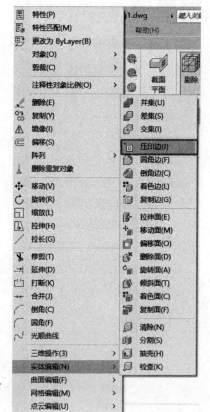

图 9.2.8 在"菜单栏"的"修改"下拉命令"实体编辑"中的"压印边"

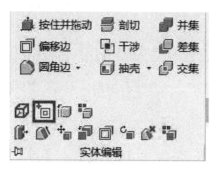

图 9.2.9　在"功能区"的"三维工具"面板命令"实体编辑"中的"压印边"图标

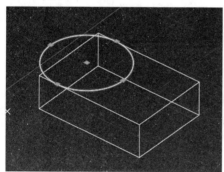

图 9.2.10　在"工具栏"的"实体编辑"工具栏中选择"压印边"图标

如图 9.2.11，在长方体上"放置"一个圆，选择"压印边"命令，依次选中模型与圆。选中后不保留原图形，得到图形 9.2.12。在进行"压印边"命令时，两个作用的图形至少有一点相交。

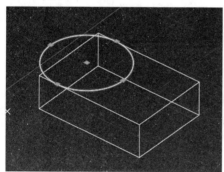

图 9.2.11　"压印"前图形

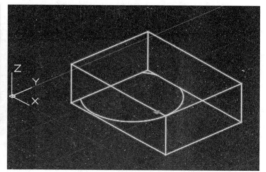

图 9.2.12　"压印"后得到的图形

9.3　三维模型整理编辑

目标模型编辑完成后，需要根据模型的实际用处进行修正编辑，修正的内容主要包括抽壳、清除、分割等操作。

9.3.1 抽壳

抽壳是将目标模型的外壳面进行抽离，形成一个新的壳体模型。

运行方式：

1. 在"命令行"输入命令"SOLIDEDIT"。

2. 在"菜单栏"的"修改"下拉命令"实体编辑"中的"抽壳"，如图 9.3.1。

3. 在"功能区"的"三维工具"面板命令"实体编辑"中的"抽壳"图标，如图 9.3.2。

4. 在"工具栏"的"实体编辑"工具栏中选择"抽壳"图标，如图 9.3.3。

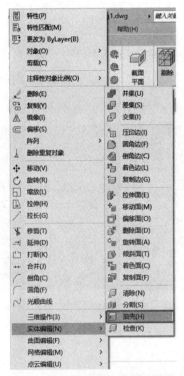

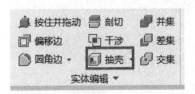

图 9.3.1 在"菜单栏"的"修改"下拉命令"实体编辑"中的"抽壳"　　图 9.3.2 在"功能区"的"三维工具"面板命令"实体编辑"中的"抽壳"图标

图 9.3.3 在"工具栏"的"实体编辑"工具栏中选择"抽壳"图标

9.3.2 分割

通过"分割"命令，可以将一个模型单位分割成多个模型单位。

运行方式：

1. 在"命令行"输入命令"SOLIDEDIT"。

2. 在"菜单栏"的"修改"下拉命令"实体编辑"中的"分割"，如图 9.3.4。

3. 在"功能区"的"三维工具"面板命令"实体编辑"中的"分割"图标，如图 9.3.5。

4. 在"工具栏"的"实体编辑"工具栏中选择"分割"图标，如图 9.3.6。

图 9.3.4 在"菜单栏"的"修改"下 拉命令"实体编辑"中的"分割"

图 9.3.5 在"功能区"的"三维工具"面 板命令"实体编辑"中的"分割"图标

图 9.3.6 在"工具栏"的"实体编辑"工具栏中选择"分割"图标

9.3.3　清除

通过"清除"命令，可以将图形设计或者合并过程中产生的多余的边、顶点或者面进行清除。

运行方式：

1. 在"命令行"输入命令"SOLIDEDIT"。

2. 在"菜单栏"的"修改"下拉命令"实体编辑"中的"清除"，如图 9.3.7。

3. 在"功能区"的"三维工具"面板命令"实体编辑"中的"清除"图标，如图 9.3.8。

4. 在"工具栏"的"实体编辑"工具栏中选择"清除"图标，如图 9.3.9。

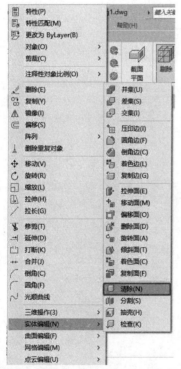

图 9.3.7　在"菜单栏"的"修改"下拉命令"实体编辑"中的"清除"

图 9.3.8　在"功能区"的"三维工具"面板命令"实体编辑"中的"清除"图标

图 9.3.9　在"工具栏"的"实体编辑"工具栏中选择"清除"图标

9.3.4 检查

通过"检查"可以检测绘制出的三维图形是否为可编辑有效图形。

运行方式：

1. 在"命令行"输入命令"SOLIDEDIT"。

2. 在"菜单栏"的"修改"下拉命令"实体编辑"中的"检查"，如图 9.3.10。

3. 在"功能区"的"三维工具"面板命令"实体编辑"中的"检查"图标，如图 9.3.11。

4. 在"工具栏"的"实体编辑"工具栏中选择"检查"图标，如图 9.3.12。

执行"检查"命令后，"命令行"会提示本次检测的图形有效信息，如图 9.3.13。

图 9.3.10　在"菜单栏"的"修改"下　图 9.3.11　在"功能区"的"三维工具"面
拉命令"实体编辑"中的"检查"　　板命令"实体编辑"中的"检查"图标

图 9.3.12　在"工具栏"的"实体编辑"工具栏中选择"检查"图标

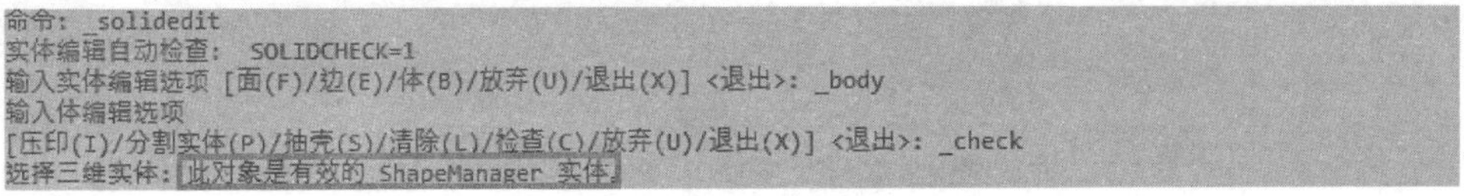

```
命令: _solidedit
实体编辑自动检查: SOLIDCHECK=1
输入实体编辑选项 [面(F)/边(E)/体(B)/放弃(U)/退出(X)] <退出>: _body
输入体编辑选项
[压印(I)/分割实体(P)/抽壳(S)/清除(L)/检查(C)/放弃(U)/退出(X)] <退出>: _check
选择三维实体: 此对象是有效的 ShapeManager 实体
```

图 9.3.13　检测的目标模型状态

在 AutoCAD 2020 中还有一种检查方式为"干涉检查,通过""干涉检查"命令,可以检测出图形之间是否有干涉,是出图过程中很重要的一项检查工具。

运行方式:

1. 在"命令行"输入命令"INF"。

2. 在"菜单栏"的"修改"下拉命令"三维操作"中的"干涉检查",如图 9.3.14。

在选中需要检查的图形时,可以根据实际需要设置窗口,如图 9.3.15。

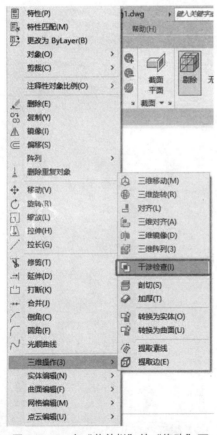

图 9.3.14　在"菜单栏"的"修改"下拉命令"三维操作"中的"干涉检查"

图 9.3.15　检查干涉设置窗口

第十章

协同绘画

为了提升绘图效率，AutoCAD 2020 提供了多人协同绘画功能，包括 CAD 标准、图纸集、标记集等工具。

10.1 CAD 标准规范

想要实现协同绘画，最重要的一点在于可以在同一张画布上运用相同的绘图标准去设计。这种标准是一种约束力，只有严格按照这种绘画标准来设计，才可以达到协同绘画的目的。

10.1.1 标准文件的创建

根据设计要求创建 CAD 标准图层、文字样式、标注样式等，约束协同绘画的规范，达到多人协同合作的目的。

首先，在"快速访问工具栏"中选择"新建"命令，如图 10.1.1。按照绘制要求创建合适的样板文件，如图 10.1.2。

然后，在新建的文件中设定图层样式，如图 10.1.3。对图层的文字、线性、标注等样式进行统一设置。

最后，将此文件保存，便完成了协同绘画文件的基本设置，后续的绘图工作将以此设置为标准进行，保存的文件后缀名为".dws"，如图 10.1.4。

图 10.1.1 新建一个空白文件

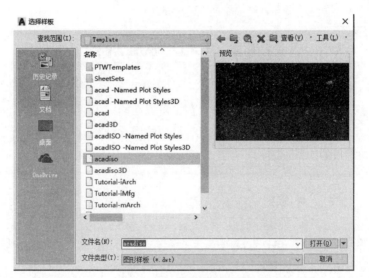

图 10.1.2 选择样板设置

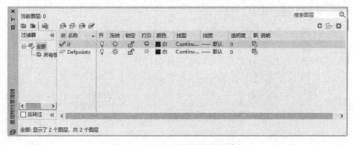

图 10.1.3 图层设置面板

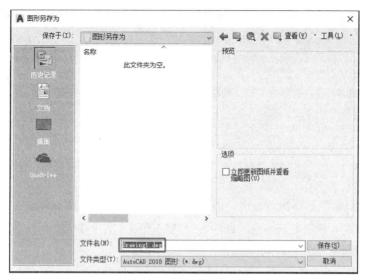

图 10.1.4　文件另存为

10.1.2　文件关联

运行方式：

1. 在"命令行"输入命令"STANDARDS"。

2. 在"菜单栏"的"工具"下拉命令"CAD 标准"中的"配置"，如图 10.1.5。

3. 在"功能区"的"管理"面板命令"CAD 标准"中的"配置"图标，如图 10.1.6。

4. 在"工具栏"的"CAD 标准"工具栏中选择"配置"图标，如图 10.1.7。

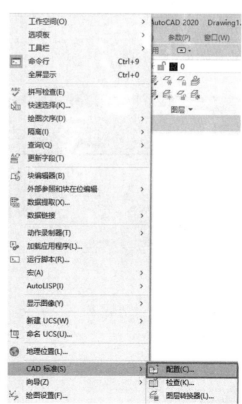

图 10.1.5　在"菜单栏"的"工具"下拉命令"CAD 标准"中的"配置"

图 10.1.6 在"功能区"的"管理"面板命令"CAD 标准"中的"配置"图标

图 10.1.7 在"工具栏"的"CAD 标准"工具栏中选择"配置"图标

选择"配置"后弹出对话框,如图 10.1.8,选择"+"号添加标准文件即可完成关联。在配置标准中的"插件"选项,罗列的图层、文字样式、标注样式、线性就是当前的 CAD 标准规范样式,如图 10.1.9。

图 10.1.8 配置标准选项卡

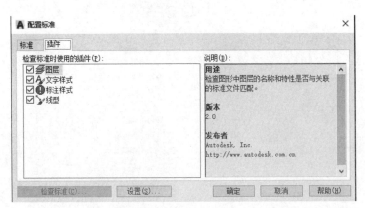

图 10.1.9 "插件"选项卡

10.1.3 图形检查

通过"图形检查"命令，可以检测已经完成的图形是否按照 CAD 标准进行绘制。

运行方式：

1. 在"命令行"输入命令"CHECKSTANDARDS"。

2. 在"菜单栏"的"工具"下拉命令"CAD 标准"中的"检查"，如图 10.1.10。

3. 在"功能区"的"管理"面板命令"CAD 标准"中的"检查"图标，如图 10.1.11。

4. 在"工具栏"的"CAD标准"工具栏中选择"检查"图标，如图 10.1.12。

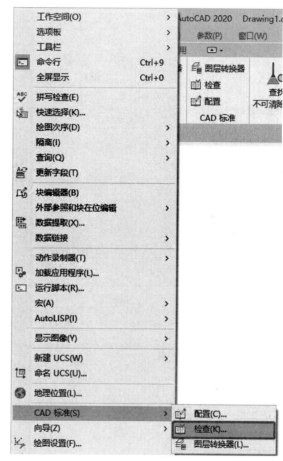

图 10.1.10 在"菜单栏"的"工具"下拉命令"CAD 标准"中的"检查"

图 10.1.11 在"功能区"的"管理"面板命令"CAD 标准"中的"检查"

图 10.1.12 在"工具栏"的"CAD 标准"工具栏中选择"检查"图标

10.2 图纸集与标记集

绘制一张合格的 CAD 图纸需要多种维度的图纸汇集而成。整理图纸集是一项比较费时费力的过程，但是又非常重要，所以 AutoCAD 2020 中提供了图纸集管理工具，能高效完成对图纸的整理以及汇集作业。

10.2.1 创建图纸集

如果某个图形绘制需要大量的图纸协同完成，在绘制之前可以根据实际需要创建图纸集。

运行方式：

1. 在"命令行"输入命令"NEWSHEETSET"。

2. 在"菜单栏"的"文件"下拉命令中的"新建图纸集"，如图 10.2.1。

3. 在"功能区"的"视图"面板命令"选项板"中的"图纸集管理器"图标，如图 10.2.2。

4. 在"工具栏"选择"图纸集管理器"图标，如图 10.2.3。

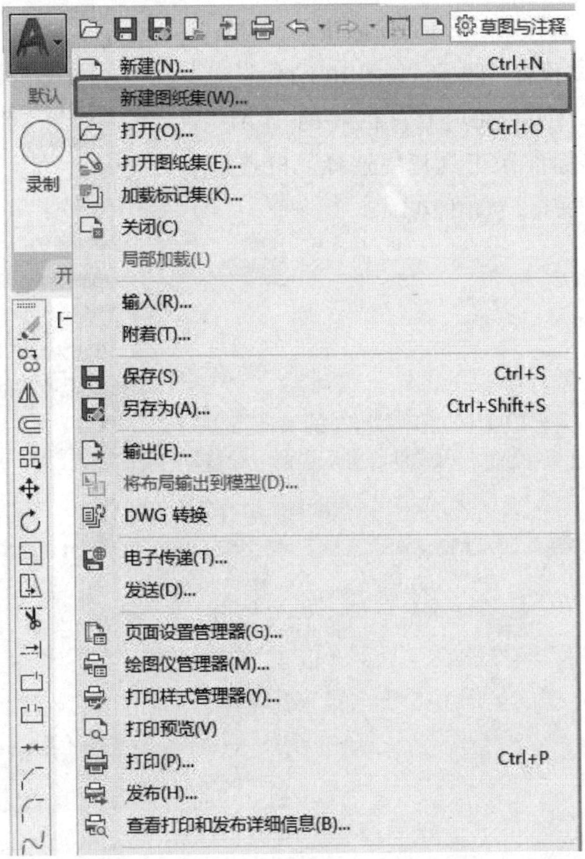

图 10.2.1 在"菜单栏"的"文件"下拉命令中的"新建图纸集"

图 10.2.2　在"功能区"的"视图"面板命令"选项板"中的"图纸集管理器"图标

图 10.2.3　在"工具栏"选择"图纸集管理器"图标

打开"图纸集管理器"开始创建图纸集，如图 10.2.4，可根据要求创建样例或者现有图形图纸集。

接下来按照步骤选择图纸集样例，可以选择图纸集模板或者按照将已有的作品作为模板参考，如图 10.2.5。

图 10.2.4　创建图纸集 – 开始

图 10.2.5　图纸集样例

完成图纸集样例选择后，进入图纸集信息选项卡，可以在此页设定图纸集名称以及保存位置，如图 10.2.6。在选项卡下方可以点击图纸集特性查看，此时可以清楚地看到已经设定好图纸集的特性数据，如图 10.2.7。如果需要修改可以点击"编辑自定义特性"，如图 10.2.8，在这里可以根据需要添加图纸集特性。

在最后"确认"的环节，可以看到我们设定的图纸集分类，以及储存的目录等属性，点击"完成"确认图纸集完成新建，如图 10.2.9。

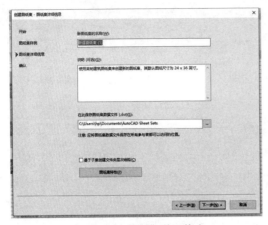

图 10.2.6 图纸集详细信息   图 10.2.7 图纸集属性

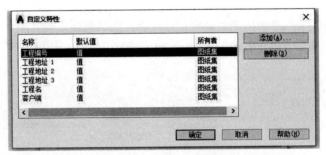

图 10.2.8 自定义特性界面

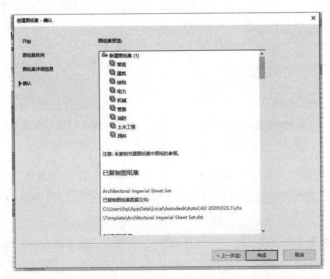

图 10.2.9 完成图纸集新建

10.2.2 图纸集管理

完成图纸集创建后，就可以将对应的图纸放到图纸集中去。

运行方式：

1. 在"命令行"输入命令"SHEETSET"。

2. 在"菜单栏"的"文件"命令下的"打开图纸集"，如图10.2.10。

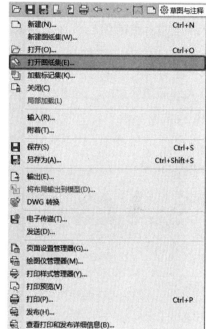

图10.2.10 在"菜单栏"的"文件"命令下的"打开图纸集"

打开的图纸集如图10.2.11，点开"模型视图"选项卡，选择"添加新位置"选项，如图10.2.12，将图形文件添加到图纸集中即可完成。

图10.2.11 图纸集列表

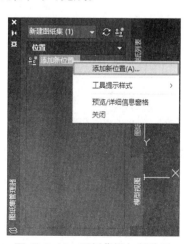

图10.2.12 图纸集添加新位置

10.2.3 标记集

图形检查与修改，可以运用标记注释来完成，能够将需要改动的部分标记，进行调整或者重新绘制。同时，可根据修改要求，在标记管理器中添加注释文本。

运行方式：

1. 在"命令行"输入命令"MARKUP"。

2. 在"菜单栏"的"工具"下拉命令"选项板"中的"标记集管理器"，如图10.2.13。

3. 在"功能区"的"视图"面板命令"选项板"中的"标记集管理器"图标，如图 10.2.14。

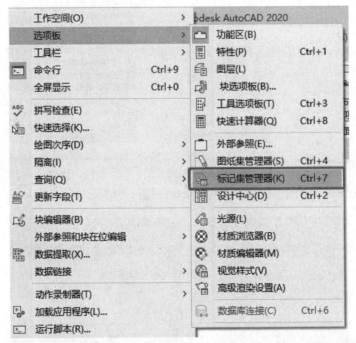

图 10.2.13 在"菜单栏"的"工具"下拉命令"选项板"中的"标记集管理器"

图 10.2.14 在"功能区"的"视图"面板命令"选项板"中的"标记集管理器"图标

4. 在"工具栏"中选择"标记集管理器"图标，如图 10.2.15。

打开标记管理器后会弹出标记集管理器，如图 10.2.16。打开带有标记的 DWF 文件就可以编辑标注管理器。

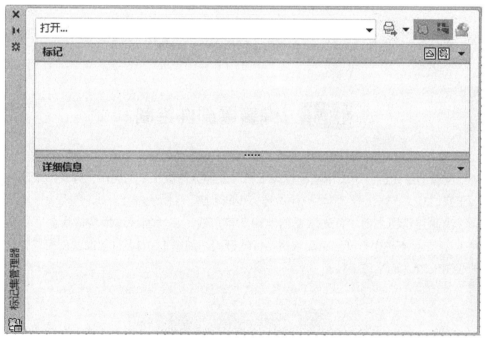

图 10.2.15　在"工具栏"中选择"标记集管理器"图标

图 10.2.16　标记集管理器

第十一章

AutoCAD 2020 实战演练

通对对全书知识的掌握，下面进行不同图形的绘制演练，以做参考。

11.1 弹簧零部件绘制

弹簧的绘制包含了二维基础线段工具以及部分修改工具的应用，弹簧的绘制有利于我们对"阵列"等工具的应用做进一步的了解。

绘制弹簧图之前，首先需要创建四条构造线，在功能区选择构造线命令如图11.1.1，在状态栏中打开"正交限制光标"开关，如图11.1.2，可辅助我们完成弹簧的绘制工作，如图11.1.3。

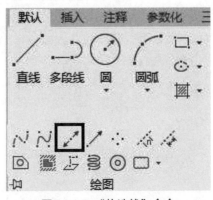

图 11.1.1 "构造线"命令

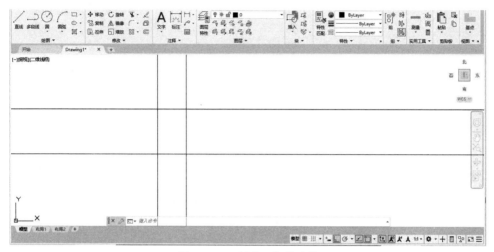

图 11.1.2 "正交限制光标"开关位置

图 11.1.3 创建四条构造线

在构造线交点位置，输入命令"C"创建两个半径为 100 的"圆"，如图 11.1.4。

通过"直线"命令"L"，分别绘制两条相切于两圆的直线，完成弹簧基础图，如图 11.1.5。

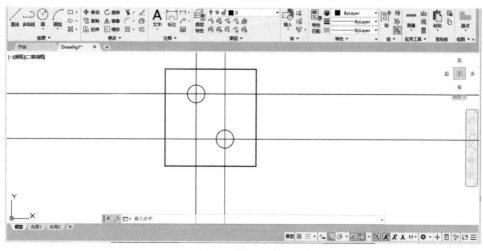

图 11.1.4 创建两个"圆"

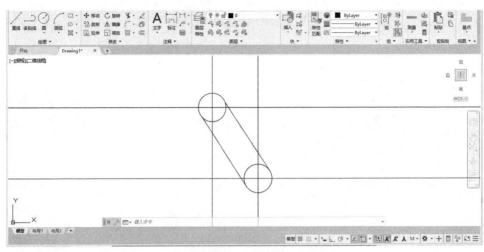

图 11.1.5 完成弹簧零部件基础图

通过"阵列"命令选择原图进行阵列复制，阵列设置属性如图 11.1.6。设置完成后，图形效果如图 11.1.7。

打开状态栏中"捕捉参考线"与"捕捉二维参考点"命令，并且设置捕捉参考点显示为"切点"，如图 11.1.8，绘制另外两条相切于圆的直线"L"，如图 11.1.9。

类型	列		行 ▼		层级		特性		关闭
矩形	列数: 10	介于: 400	行数: 1	介于: 1000	级别: 1	介于: 1	关联	基点	关闭阵列
	总计: 3600		总计: 1000		总计: 1				

图 11.1.6 "阵列"的设置参数

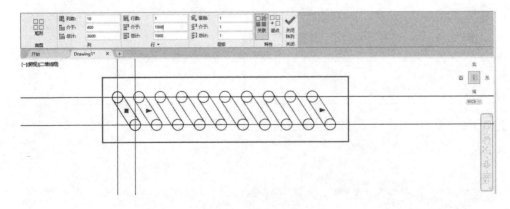

图 11.1.7 "阵列"后效果图

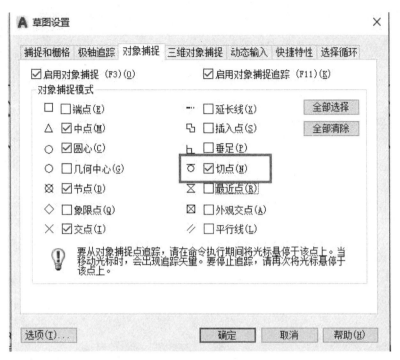

图 11.1.8　"切点"捕捉参考点设置

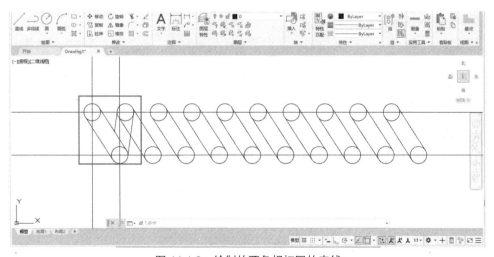

图 11.1.9　绘制的两条相切圆的直线

通过"修剪"工具，如图 11.1.10，将图形修剪为图 11.1.11 的形状。

图 11.1.10　"修剪"工具位置

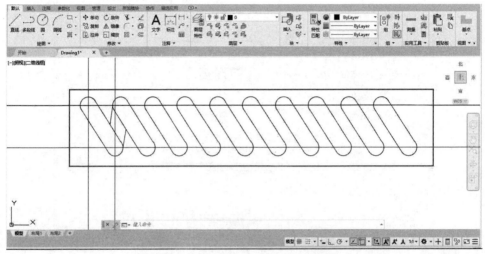

图 11.1.11　通过"修剪"后的图形

"阵列"两条直线，设置如图 11.1.12，效果如图 11.1.13。

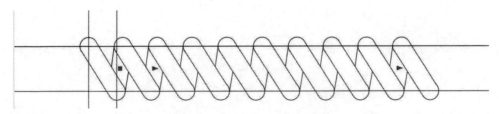

图 11.1.12　"阵列"设置

图 11.1.13　"阵列"后效果图

最后，得到弹簧零件图，如图11.1.14。

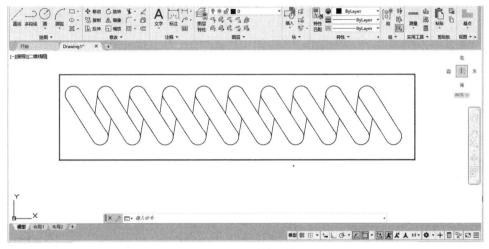

图 11.1.14　弹簧零件图

11.2　垫圈绘制

在机械设备类绘图中，有很多垫圈的设计。垫圈的作用是用来缓冲机械相互作用时产生的压力。垫圈的实战绘制操作有利于帮助用户掌握"偏移"等工具的使用。

在绘制垫圈前，我们需要按照垫圈的尺寸要求，设定三条构造线作为辅助线。"构造线"位置如图11.2.1，水平两条构造线距离为220，垂直方向构造线垂直于水平构造线，如图11.2.2。

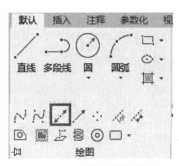

图 11.2.1　"构造线"位置

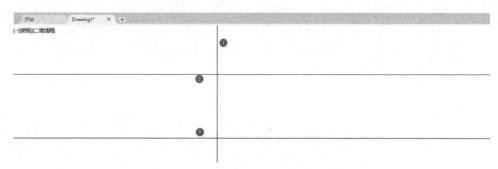

图 11.2.2　绘制的三条构造线作为辅助线

分别在构造线两个交点位置输入"C"圆命令，在"动态输入"栏中输入 100，绘制两个半径为 100 的圆，并且绘制两条相切于圆的直线，如图 11.2.3。

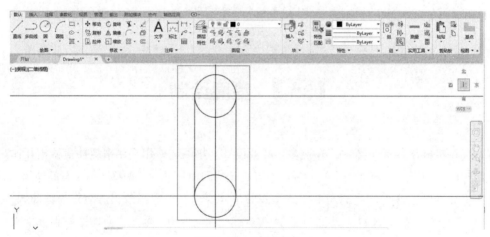

图 11.2.3　垫圈轮廓

通过"修剪"工具，如图 11.2.4，将多余的线段删除，如图 11.2.5。

图 11.2.4　"修剪"工具位置

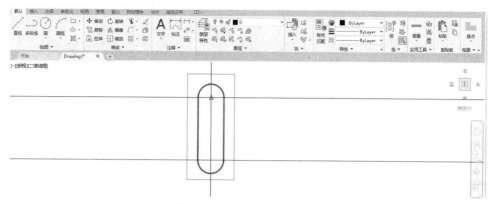

图 11.2.5 "修剪"后的图形

将图形以 50 为距离，向内"偏移"，命令位置如图 11.2.6，得到图形 11.2.7。

将图形以 25 为距离进行向内"偏移"，如图 11.2.8，效果如图 11.2.9。

图 11.2.6 "偏移"工具位置

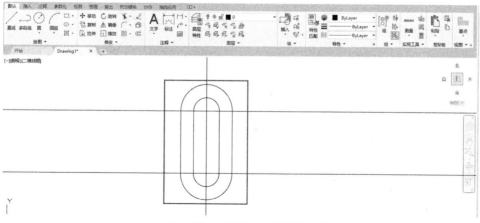

图 11.2.7 进行"偏移"命令后得到的图形

图 11.2.8 "偏移"工具位置

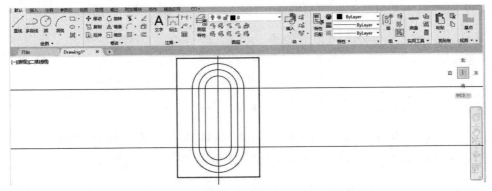

图 11.2.9 再次"偏移"后得到的图形

分别绘制多条构造线，确认孔距位置，在交点绘制半径为 20 的垫圈孔，如图 11.2.10。

对垫圈孔再次进行距离为 5 的向内"偏移"后，调成完得到的垫圈，如图 11.2.11。

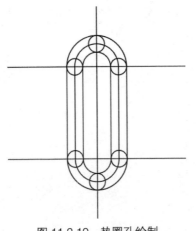

图 11.2.10 垫圈孔绘制

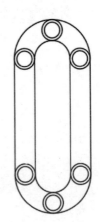

图 11.2.11 成品图

11.3 齿轮绘制

齿轮在工业产品中是经常使用到的零部件，掌握齿轮的绘制过程，有利于对"环形阵列"等工具的使用。

执行"C"圆命令，在"动态输入"栏中输入 200，点击"空格"键确认，即可创建半径为 200 的圆，如图 11.3.1。

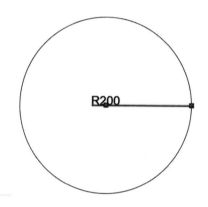

图 11.3.1　创建半径为 200 的圆

在圆上利用直线工具"L"绘制如图 11.3.2 的图形为齿轮的其中一个齿。

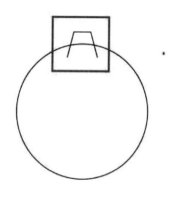

图 11.3.2　创建齿轮中的第一个"齿"

执行"环形阵列"命令，如图 11.3.3。对第一个"齿"进行以圆为路径的环形阵列复制，阵列属性如图 11.3.4，阵列后效果如图 11.3.5。

执行"修剪"命令，如图 11.3.6。

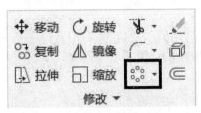

图 11.3.3 "环形阵列"命令

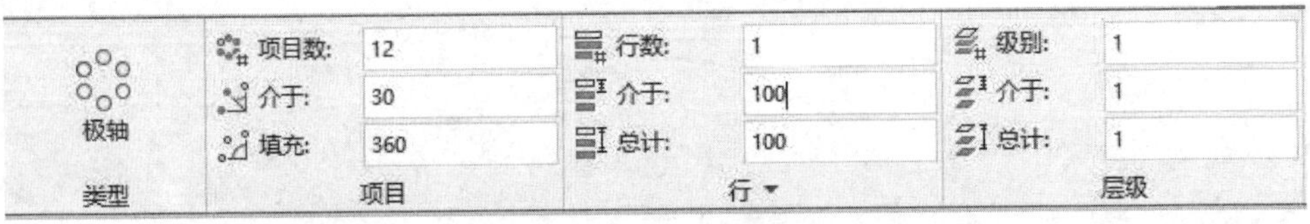

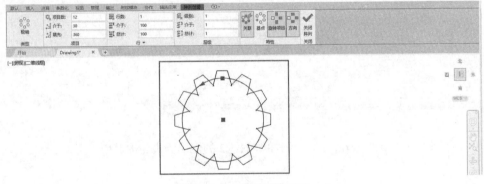

图 11.3.4 "阵列"属性

图 11.3.5 阵列后效果图

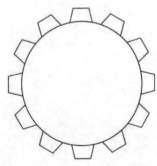

图 11.3.6 执行"环形矩阵"后的效果图

执行"偏移"命令，将圆向内偏移 20 的距离，得到如图 11.3.7。然后执行"修剪"命令，将无用部分修剪，得到如图 11.3.8 的齿轮图。

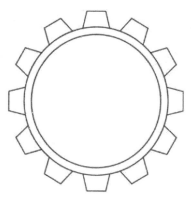

图 11.3.7　执行"偏移"后的图形

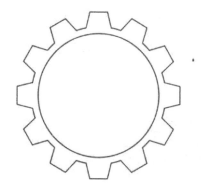

图 11.3.8　执行"修剪"后得到的齿轮图

11.4　墙体绘制

在建筑行业中，常用 CAD 软件绘制住户户型图，直观地表达户型关系以及各个房间的尺寸。墙体的绘制有利于对线段样式的运用以及标注的运用等进行更深刻的认知。

根据户型尺寸以及样式，执行"XL"构造线命令，在绘图区完成初稿绘制，如图 11.4.1。

在命令行输入"mlstyle"命令，进入多线样式编辑器，如图 11.4.2。点击"新建"命令，重新命名多线样式，并且在设置面板进行多线设置，如图 11.4.3。

设置完成后，在命令行输入"ML"多线命令，按照实际墙体要求进行墙体的绘制，根据图纸进行细节调整，完成的户型墙体如图 11.4.4。

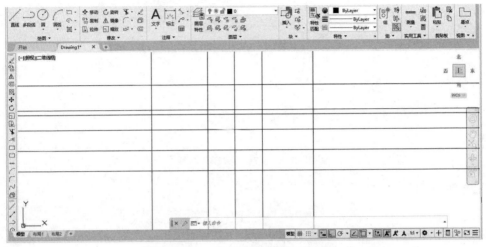

图 11.4.1　构造线搭建的户型线图

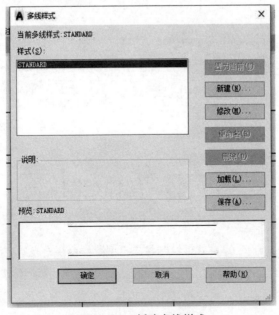

图 11.4.2　新建多线样式

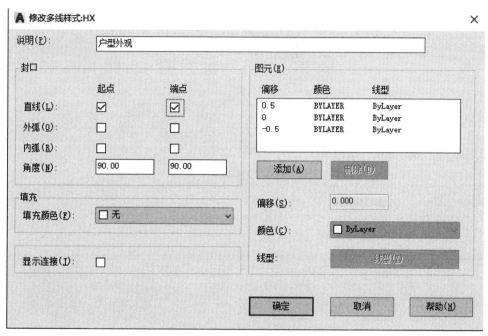

图 11.4.3　多线样式编辑页面

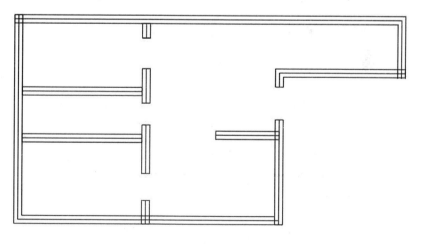

图 11.4.4　户型墙体图

11.5 方向标绘制

首先在图层面板设置辅助图层，打开位置为图 11.5.1。辅助图层颜色为红色，线形为图 11.5.2，线宽设定为 0.5，绘制十字辅助线，如图 11.5.3。

在图层面板中选择绘制图层，如图 11.5.4。

选择"多线段"工具，设置线宽宽度依次为起点宽度为 0、端点宽度为 100、长度为 150 和起点宽度为 50、端点宽度为 50、长度为 250 的线段，如图 11.5.5。

图 11.5.1　图册特性面板位置

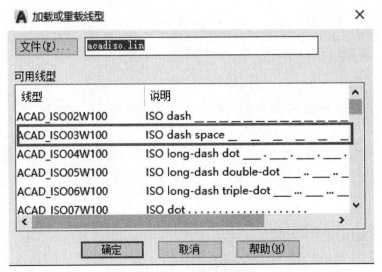

图 11.5.2　线形类型

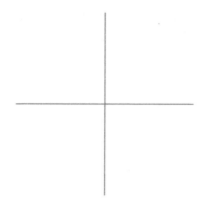

图 11.5.3　十字辅助线

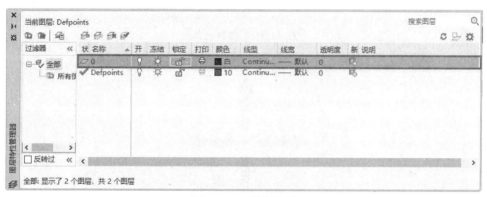

图 11.5.4　绘制图层

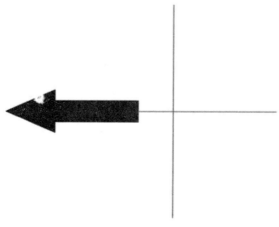

图 11.5.5　多线段方向标

选择"环形阵列"工具，如图 11.5.6。以十字辅助光标交点为中心点，进行环形复制，设置如图 11.5.7，效果如图 11.5.8。

图 11.5.6 环形阵列工具位置

图 11.5.7 阵列设置

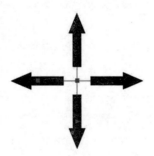

图 11.5.8 阵列后图形效果

以十字辅助光标交点为中心点，分别绘制半径为 50、半径为 480、半径为 500 的圆，最终效果如图 11.5.9。

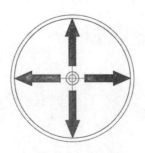

图 11.5.9 效果图

11.6　二维机械垫片绘制

首先在图层面板设置辅助图层，打开位置如图 11.6.1。辅助图层颜色为红色，线形为图 11.6.2，线宽设定为 0.5，绘制十字辅助线，如图 11.6.3。

在图层面板中选择绘制图层，如图 11.6.4。

进入绘制图层，以十字光标交点为中心点，分别绘制半径为 80、半径为 450 的圆，如图 11.6.5。

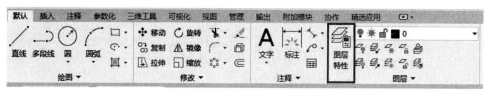

图 11.6.1　图层特性面板位置

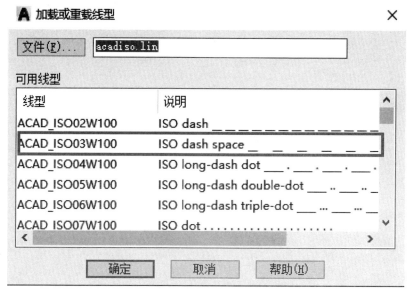

图 11.6.2　线形类型

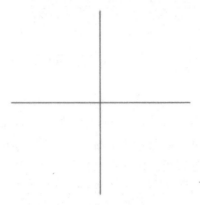

图 11.6.3　十字辅助线

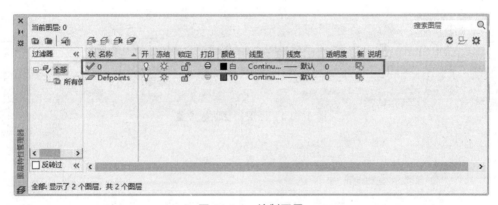

图 11.6.4　绘制图层

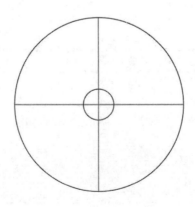

图 11.6.5　两个中心圆

在圆与辅助线交点分别绘制半径为 80、半径为 150 的圆，如图 11.6.6。

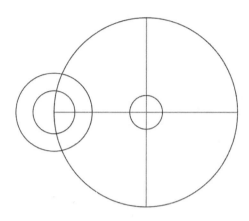

图 11.6.6　与辅助交点绘制的圆

对两个交点圆进行"环形阵列"复制，设置如图 11.6.7，效果如图 11.6.8。

图 11.6.7　环形阵列设置

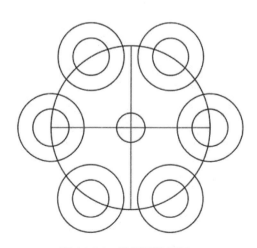

图 11.6.8　阵列后效果图

将阵列后的图形进行"分解",命令位置如图 11.6.9,然后对图形进行"修剪"操作,将无用线段删除,效果如图 11.6.10。

图 11.6.9 "分解"工具位置

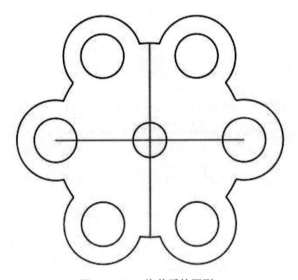

图 11.6.10 修剪后的图形

11.7 墙体填充绘制

在 AutoCAD 2020 中,图像的填充,可以直观地区分出不同部分的作用与位置。我们以墙体的填充作为案例,学习如何填充图形。

首先,在绘图区绘制一个长方形,如图 11.7.1。在"菜单栏"中的"绘图"命令下拉列表中选择"图案填充"如图 11.7.2。

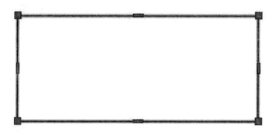

图 11.7.1 绘制长方形

图 11.7.2 图案填充位置

进入图案填充面板后，在填充面板的图案中，选择墙体图案，如图 11.7.3。最终效果如图 11.7.4。

图 11.7.3　填充面板选项

图 11.7.4　墙体填充面板效果图

在填充面板中，同样可以对线宽、颜色、形状等元素进行编辑，根据绘制要求进行调整。

11.8　扇叶绘制

首先，用辅助图层绘制两条辅助线，在辅助线交点位置绘制半径为 100 的圆，如图 11.8.1。

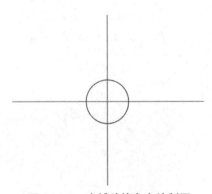

图 11.8.1　在辅助线交点绘制圆

分别绘制半径为 50、半径为 220 的两个圆，位置如图 11.8.2。

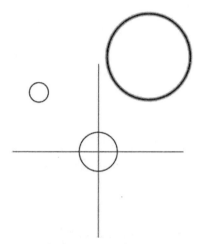

图 11.8.2　绘制半径为 50、半径为 220 的两个圆

绘制半径为 700 的圆，分别相切于半径为 50 与半径为 220 的两个圆，利用绘制圆工具 "相切、相切、半径"，命令位置如图 11.8.3，效果如图 11.8.4。

图 11.8.3　"相切、相切、半径" 工具

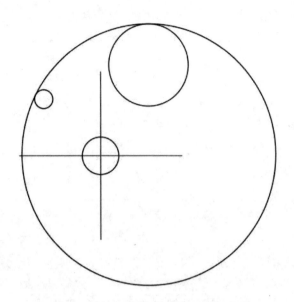

图 11.8.4　绘制出的半径为 700 的圆

以同样的方式，绘制半径为 300 的圆相切于半径为 50、半径为 100 的两个圆；绘制半径为 1500 的圆相切于半径为 300、半径为 220 的两个圆，如图 11.8.5。

利用"修剪"工具，将多余部分删除，得到如图 11.8.6 的图形。

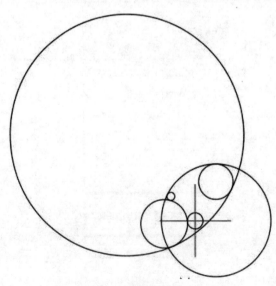

图 11.8.5　绘制完成的所有的圆

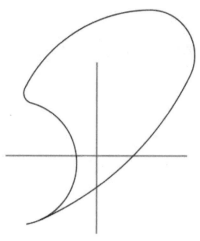

图 11.8.6　第一个扇叶图

在辅助线交点位置绘制半径为 50 的圆，利用"移动"工具，将扇叶移动到圆的交点上，并将扇叶以圆心为中心点，进行"环形阵列"设置，如图 11.8.7，效果如图 11.8.8。

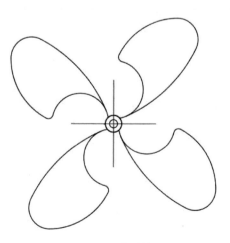

图 11.8.7　环形阵列设置

图 11.8.8　扇叶效果图

11.9 零件剖面图绘制

刨面图是零件设计图中不可缺少的部分，有些尺寸或者细节只从立面图中是无法绘制的。熟练掌握刨面图的绘制技巧，有助于图纸绘制的完整性。

在绘图区，绘制十字辅助线，并且在交点位置创建长度为 200、宽度为 400 的长方形，如图 11.9.1。

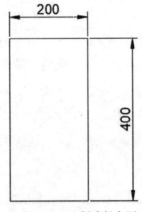

图 11.9.1　创建长方形

在长方形上绘制三条直线，将长方形分为四个部分，每个部分高度为 100，如图 11.9.2。

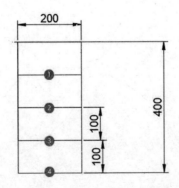

图 11.9.2　以距离 100 等分的长方形

将线段 1 向上偏移 40 距离,"偏移"工具如图 11.9.3。将线段 2 向下偏移 40 的距离,如图 11.9.4。

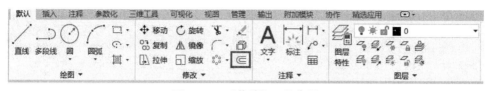

图 11.9.3 "偏移"工具位置

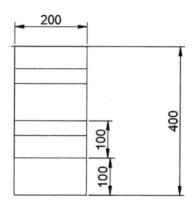

图 11.9.4 偏移后的图形

根据绘制要求,利用"直线"工具,绘制图形细节,如图 11.9.5,。利用"修剪"工具,将图形无用部分进行修剪,如图 11.9.6。

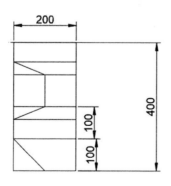

图 11.9.5 "直线"修改后的图形

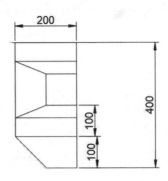

图 11.9.6 "剪切"后的图形

　　利用"倒角"工具，位置如图 11.9.7，将图形进行倒角。倒角距离设置为 20。效果如图 11.9.8。

图 11.9.7 "倒角"工具位置

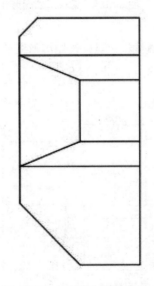

图 11.9.8 "倒角"后效果图

　　按图纸要求将部分位置填充，用于区分图形信息，"图案填充"位置如图 11.9.9，填充设置如图 11.9.10，填充部分如图 11.9.11。

图 11.9.9　"图案填充"位置

图 11.9.10　"图案填充"设置

图 11.9.11　图案填充部分

　　将完整的图形进行"镜像"复制，"镜像"工具如图 11.9.12。选择"保留原图形"，最终效果如图 11.9.13。

图 11.9.12　镜像工具位置

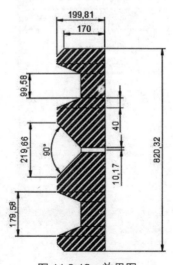

图 11.9.13　效果图

11.10　吊钩绘制

在绘图区绘制两条垂直相交直线，在直线交点位置绘制半径为 100 的圆，如图 11.10.1。

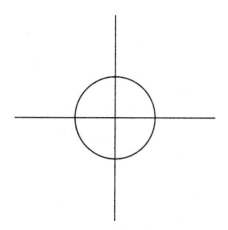

图 11.10.1　半径为 100 的圆绘制

在直线交点位置向右偏移一条距离为 30 的线，以此线与水平方向直线的交点为中心绘制半径为 240 的一个圆，如图 11.10.2。

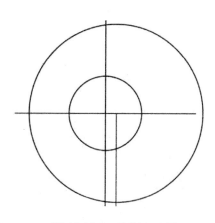

图 11.10.2　绘制 240 圆

将水平方向的直线向下偏移 80 的距离，将垂直方向的直线向左偏移 300 的距离，得到图 11.10.3。

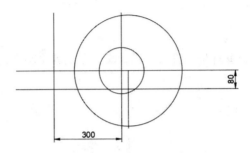

图 11.10.3　偏移两条直线

再次将最左边的垂直线向左偏移 40 的距离，在交点 1 绘制垂直于半径为 100 的圆的圆形，在交点 2 绘制垂直于半径为 240 的园的圆形，得到图 11.10.4。

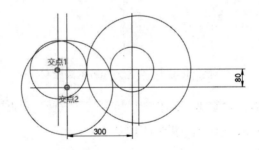

图 11.10.4　绘制另外两个圆

使用"圆角"命令，将圆 1 与圆 2 进行圆角，半径设置为 10，如图 11.10.5。

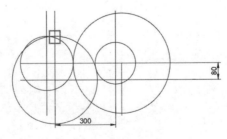

图 11.10.5　将两个圆记性"圆角"处理

使用"修剪"命令，将多余部分线段进行修剪，效果如图 11.10.6

图 11.10.6　将多余线段修剪

将水平方向的线段，分别向左右各偏移 80 的距离和 100 的距离，如图 11.10.7。

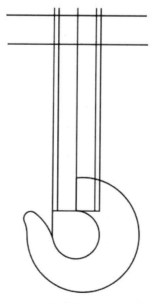

图 11.10.7　再次偏移两条直线绘制吊钩杆

根据图纸要求，将不需要的部分进行"剪切"，效果如图 11.10.8。

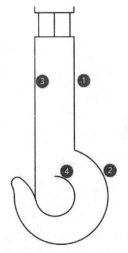

图 11.10.8　剪切多余部分

按照 11.10.8 图上标记的四条边进行圆角操作，将 1 号线段与 2 号圆弧进行"圆角"操作，半径设置为 200，将 3 号线段与 4 号线段"圆角"操作，半径设置为 240。将多余部分删除，效果如图 11.10.9。

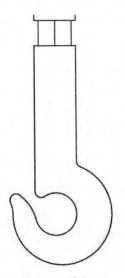

图 11.10.9　效果图

11.11　特殊图形绘制（1）

在 AutoCAD 2020 绘图过程中，会出现很多特殊的图形需要我们用基础的操作工具来实现，将看似复杂的图形简易化。

首先，在绘图区绘制十字辅助线，长度均设定为 100，并且在辅助线的交点位置绘制半径为 50 的圆，如图 11.11.1。

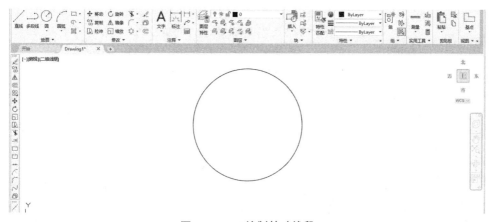

图 11.11.1　绘制基础线段

进入菜单栏"格式"选项中的"点样式"选项，将样式设定为图 11.11.2 的样式。

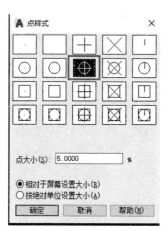

图 11.11.2　设置点样式

选择横向辅助线，在"功能栏"中选择"定数等分"工具，位置如图11.11.3。将横向辅助线分为6份，效果如图11.11.4。

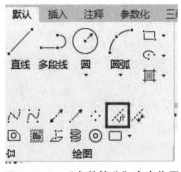

图 11.11.3 "定数等分"命令位置

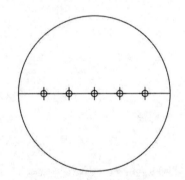

图 11.11.4 "定数等分"后的效果图

选择"多段线"命令，起点为横向辅助线最右边的象限点，方式为"圆弧A"，依次选取最右边象限点到各点的位置，然后再到最左边象限点的位置，顺序如图11.11.5。依次选取完成后，效果如图11.11.6。

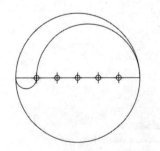

图 11.11.5 多段线画曲线的顺序

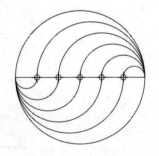

图 11.11.6 效果图

11.12　特殊图形绘制（2）

首先，在绘图区绘制十字辅助线，长度均设定为 100，并且以辅助线交点为第一个圆的象限点，绘制一个半径为 25 的圆，如图 11.12.1。

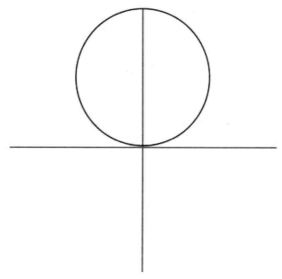

图 11.12.1　绘制辅助线与圆

将圆进行"镜像"操作，位置如图 11.12.2。以横向坐标为基点进行"镜像"，效果如图 11.12.3。将镜像的圆进行"旋转"操作，位置如图 11.12.4。以辅助线交点为基点，角度设为 225 度，效果如图 11.12.5。

图 11.12.2　"镜像"工具位置

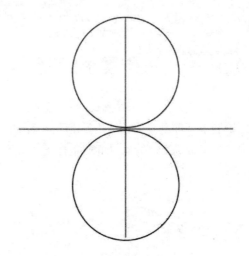

图 11.12.3 镜像后效果图

图 11.12.4 "旋转"工具位置

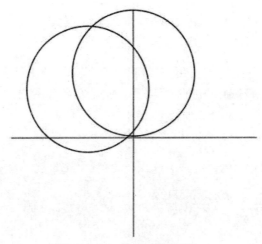

图 11.12.5 旋转后效果图

将叠加的两个圆进行"修剪"操作,位置如图 11.12.6。修剪后效果如图 11.12.7。

图 11.12.6　"修剪"命令位置

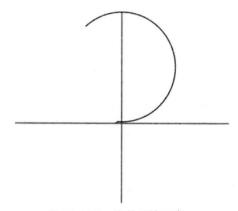

图 11.12.7　修剪后效果图

将圆弧执行"环形阵列"操作,位置如图 11.12.8。阵列设置如图 11.12.9,最终效果如图 11.12.10。

图 11.12.8　"环形阵列"位置

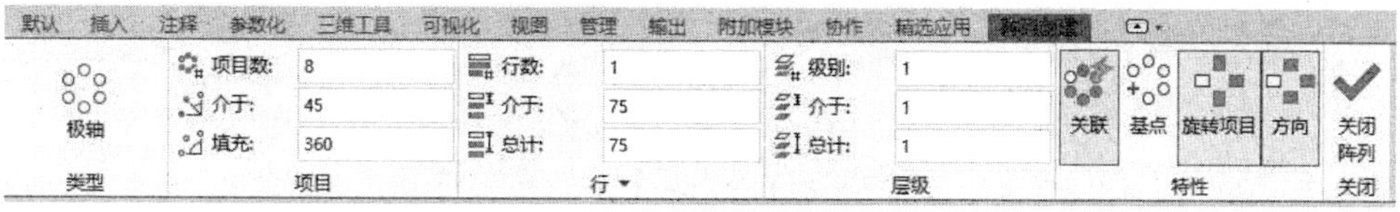

		项目数:	8		行数:	1		级别:	1						
极轴		介于:	45		介于:	75		介于:	1	关联	基点	旋转项目	方向	关闭阵列	
		填充:	360		总计:	75		总计:	1						
类型		项目			行			层级		特性				关闭	

图 11.12.9　阵列数据设置

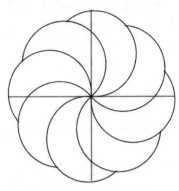

图 11.12.10　效果图

11.13　特殊图形绘制（3）

首先，在绘图区绘制十字辅助线，长度均设定为 120，并且使用"定数等分"工具，将横向的辅助线分为 12 份，效果如图 11.13.1。

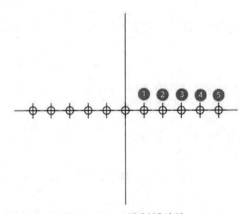

图 11.13.1　绘制辅助线

以 X 轴正方向上第三个点为中心点，绘制半径为 10 的圆，并且将圆的其中一个象限点与 Y 轴相连，如图 11.13.2。

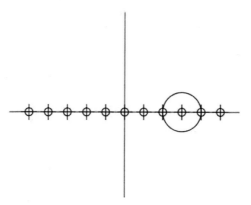

图 11.13.2　绘制圆与多段线

　　使用"打断"命令，位置如图 11.13.3。将圆竖向垂直于 X 轴打断，位置如图 11.13.4。打断后删除多余部分，效果如图 11.13.5。

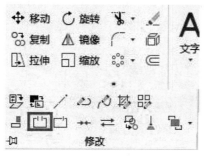

图 11.13.3　"打断"命令位置

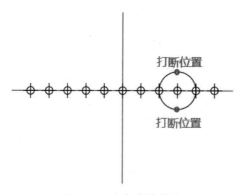

图 11.13.4　打断点的位置

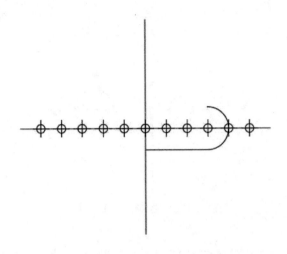

图 11.13.5　打断后得到的图形

将剩余图形进行"合并"操作，命令位置如图 11.13.6。将合并后的图形以距离
10 为单位向外"偏移"，命令位置如图 11.13.7，偏移三次后，效果如图 11.13.8。

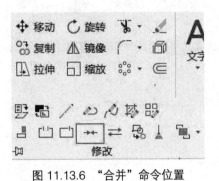

图 11.13.6　"合并"命令位置

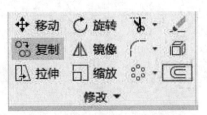

图 11.13.7　"偏移"命令位置

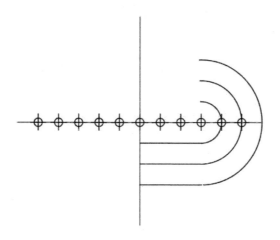

图 11.13.8　偏移后得到的效果图

将得到的图形进行"环形阵列"操作，阵列设置如图 11.13.9。效果如图 11.13.10。

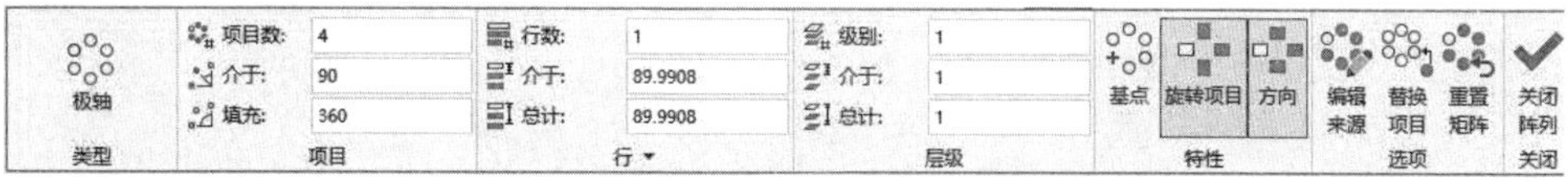

类型		项目			行 ▾			层级			特性			选项			关闭
极轴	项目数：	4	行数：	1	级别：	1	基点	旋转项目	方向	编辑来源	替换项目	重置矩阵	关闭阵列			
	介于：	90	介于：	89.9908	介于：	1										
	填充：	360	总计：	89.9908	总计：	1										

图 11.13.9　"环形阵列"设置

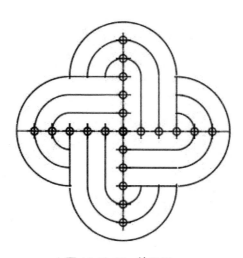

图 11.13.10　效果图

11.14 特殊图形绘制（4）

首先，在绘图区绘制十字辅助线，长度均设定为 100，并且在交点位置绘制半径为 50 的圆，如图 11.14.1。

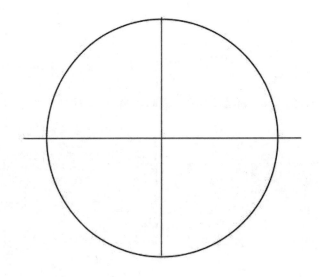

图 11.14.1 绘制半径为 50 的圆

选择"多边形"工具，位置如图 11.14.2。输入侧面数为 3，以圆心为中心点，内接于圆绘制两个三角形，效果如图 11.14.3。

图 11.14.2 "多边形"工具位置

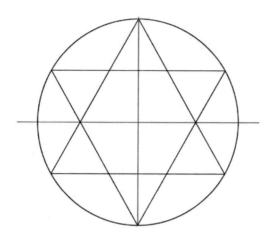

图 11.14.3 圆内绘制两个三角形

运用"圆弧"工具，选取"三点"画圆弧工具，命令位置如图 11.14.4。按照图 11.14.5 的顺序画出圆弧。

图 11.14.4 "圆弧"命令位置

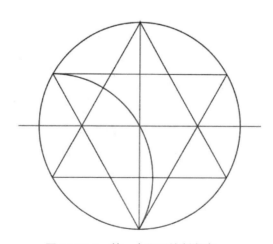

图 11.14.5 第一个圆弧绘制顺序

按照圆弧绘制规律依次绘制出如图 11.14.6 样式的圆弧。删除无用线段后，最终效果如图 11.14.7。

图 11.14.6　所有圆弧绘制完成图

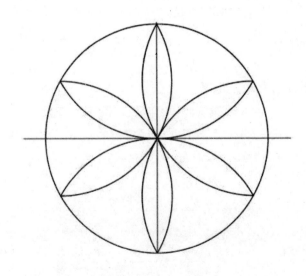

图 11.14.7　效果图

11.15 三维建模杯子绘制

首先，在绘图区绘制十字辅助线，并且创建长度为 150，宽为 60 的矩形，如图 11.15.1。

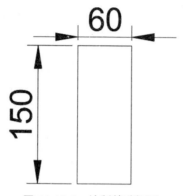

图 11.15.1 绘制基础矩形

将矩形进行"分解"操作，命令位置如图 11.15.2。将线段 1 与线段 2 进行"圆角"操作，命令位置如图 11.15.3。圆角半径为 20，效果如图 11.15.4。

图 11.15.2 分解命令位置

图 11.15.3 圆角命令位置

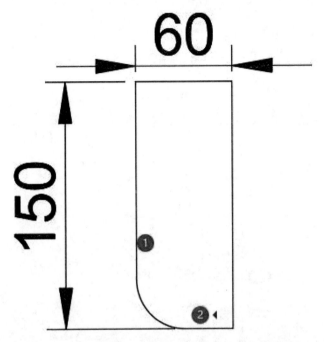

图 11.15.4　将线段 1 与线段 2 进行圆角操作

　　"合并"线段 1、线段 2 以及圆角弧，命令位置如图 11.15.5。同时执行"偏移"命令，偏移距离为 8，方向向内偏移，效果如图 11.15.6。修剪掉无用线段后，将剩余图形进行"合并"处理，得到如图 11.15.7 图形。

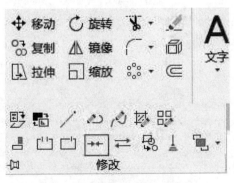

图 11.15.5　合并命令位置

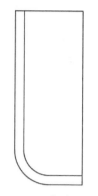

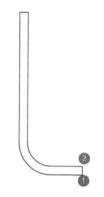

图 11.15.6　偏移后图形

图 11.15.7　剪切后的有效图形

　　执行"菜单栏"中"绘图"下拉命令"建模"的"旋转建模"命令，位置如图 11.15.8。依次选中图形，确认点 1 与点 2 为轴点，以 360 度为旋转角度建模，效果如图 11.15.9。将视图调整为"真实"视图，位置如图 11.15.10，效果如图 11.15.11。

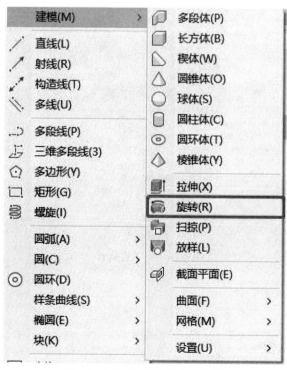

图 11.15.8　旋转建模命令位置

-]自定义视图[二维线框]

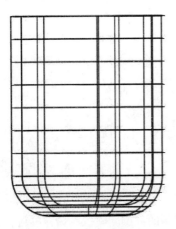

图 11.15.9 旋转建模后图形   图 11.15.10 视图类型调整位置

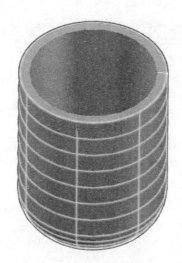

图 11.15.11 效果图

附 录

实战模拟习题集

一、选择题

1. 画一个圆与三个对象相切，应使用下列哪项命令（　　）

    A. 相切、相切、半径　　　　　　　B. 相切　相切　相切

    C. 3 点　　　　　　　　　　　　　D. 圆心　直径

2. "L" 代表的意思是（　　）

    A. 直线　　　　　　　　　　　　　B. 圆

    C. 多线段　　　　　　　　　　　　D. 矩形

3. "C" 代表的意思是（　　）

    A. 直线　　　　　　　　　　　　　B. 圆

    C. 多线段　　　　　　　　　　　　D. 矩形

4. 既可以绘制直线段，也可以绘制弧形的命令是（　　）

    A. 样条曲线　　　　　　　　　　　B. 多线

    C. 多线段　　　　　　　　　　　　D. 构造线

5. CAD 中定数等分的快捷键是（　　）

    A. MI　　　　　　　　　　　　　　B. LEN

    C. F11　　　　　　　　　　　　　D. DIV

6. 使线条图形闭合的命令是（　　）

    A. CLOSE　　　　　　　　　　　　B. CONNECT

    C. COMPLETE　　　　　　　　　　D. DONE

7. CIRCLE 命令中的 TTR 选项是用什么方式画圆弧（　　）

    A. 端点、端点、直径　　　　　　　B. 端点、端点、半径

    C. 切点、切点、直径　　　　　　　D. 切点、切点、半径

8. 拉伸命令 "STRETCH" 拉伸对象时不能（   ）

    A. 将圆拉伸为椭圆   B. 将正方形拉伸为长方形

    C. 移动对象特殊点   D. 整体移动对象

9. 在下列命令中，有修剪功能的命令是（   ）

    A. 偏移命令   B. 拉伸命令

    C. 拉长命令   D. 倒角命令

10. 不能应用 "TRIM" 进行修剪的对象是（   ）

    A. 圆弧   B. 圆

    C. 直线   D. 文字

11. 下列坐标属于相对坐标的是（   ）

    A. 22，30   B. @22，30

    C. 22<30   D. @22<30

12. 可以改变线宽的是（   ）

    A. 方向   B. 半径

    C. 宽度   D. 长度

13. CAD 中取消命令的执行键是（   ）

    A. 回车   B. 空格

    C. ESC   D. F1

14. 改变图形实际位置的命令是（   ）

    A. ZOOM   B. MOVE

    C. PAN   D. OFFSET

15. 在一个视图里一次最多可以创建几个视口（   ）

    A. 2   B. 3

    C. 4   D. 5

16. 按比例修改图形实际大小的命令是（   ）

    A. OFFSET   B. ZOOM

    C. SCALE   D. STRETCH

17. 快速标注的命令是（   ）

    A. QDIMLINE   B. QDIM

    C. QLEADER   D. DIM

18. 测量一条斜线的长度，标注法是（   ）

    A. 线性标注   B. 对齐标注

C. 连续标注　　　　　　　　　D. 基线标注

19. AutoCAD 2020 中一般用什么单位来做图最佳（　　　）

A. 米　　　　　　　　　　　　B. 厘米

C. 毫米　　　　　　　　　　　D. 分米

20. 在 CAD 中属于输出设备的是（　　　）

A. 扫描仪　　　　　　　　　　B. 打印机

C. 数码相机　　　　　　　　　D. 以上都可以

21. 要指定一个绝对值为 20，20 的点，需要输入（　　　）

A. @20，20　　　　　　　　　B. 20<20

C. 20，20　　　　　　　　　　D. @20<20

22. 在以下指令中，哪一项是用来绘制多线段图形（　　　）

A. LINE　　　　　　　　　　　B. CIRCLE

C. PLINE　　　　　　　　　　 D. ARC

23. 需要恢复已经被放弃的操作指令时，需要用到的命令是（　　　）

A. REDO　　　　　　　　　　　B. REDRAWALL

C. REGEN　　　　　　　　　　 D. REGENALL

24. 在绘图区作业的时候，如何放大绘图区的图形（　　　）

A. 双击鼠标左键　　　　　　　B. 双击鼠标右键

C. 向前滚动鼠标滑轮　　　　　D. 向后滚动鼠标滑轮

25. 图示箭头所指区域为（　　　）

A. 菜单栏　　　　　　　　　　B. 命令栏

C. 工具栏　　　　　　　　　　D. 状态栏

26. 打开、关闭命令行的快捷键为（　　　）

A. F1　　　　　　　　　　　　B. F9

C. Ctrl ＋ F1　　　　　　　　 D. Ctrl ＋ F9

27. A3 的图幅大小为（　　　）

A. 1189X841　　　　　　　　　B. 1189X297

C. 420X297　　　　　　　　　　D. 420X841

28. 在绘图操作过程中，在任意时刻想终止的话，可以按（　　　）

A. U　　　　　　　　　　　　　B. Ctrl ＋ Z

C. ESC　　　　　　　　　　　　D. Ctrl ＋ U

29. 在 AutoCAD 2020 中，新增加的功能有（　　）
    A. 增加云功能储存　　　　　　B. 加入"块"功能
    C. 加入"快速访问工具栏"　　　D. 可自定义命令
30. AutoCAD 2020 中，标准的后缀名称为（　　）
    A. dwg　　　　　　　　　　　　B. dxf
    C. dwt　　　　　　　　　　　　D. dws

二、判断题

1. 在 AutoCAD 2020 中无法使用透视方式观察三维模型。（　　）
2. AutoCAD 2020 无法实现类似 Word 的文字查找或者替换功能。（　　）
3. COPY 命令产生对象的拷贝，而保持原对象不变。（　　）
4. 所有的图层都能被删除。（　　）
5. OOPS 能把上一次被 ERASE 命令删除的实体恢复出来，且只能恢复一次。（　　）
6. AutoCAD 2020 是一个计算机辅助设计软件。（　　）
7. 在 AutoCAD 2020 中对象捕捉没有快捷键。（　　）
8. AutoCAD 2020 中锁定的图层在任何情况下都可以进行编辑、删除。（　　）
9. 在 AutoCAD 2020 中修剪工具只可以对一个对象实行一次修剪。（　　）
10. 在 AutoCAD 2020 中 PAN 和 MOVE 命令的实质是一样的，都是移动图形。（　　）

三、简答题

1. 使用多段线（PLINE）命令绘制的折线和用直线（LINE）命令绘制的折线段完全等效吗？两者有何区别？
2. 当屏幕出现暂时无法移动时，怎么办？
3. ERASE、OOPS 命令与 UNDO、REDO 命令在功能上都有哪些区别？